學習的革命2.0

AI與疫情如何改變教育的未來

第四次産業革命と教育の未来

佐藤學 著
黃郁倫 譯

目錄

推薦序

從宏觀視角看學習變革

均一平台教育基金會董事長兼執行長 **呂冠緯**

最近，東西方兩大教育家都有新作在台灣上市，一本是有世界教育部長美稱的肯．羅賓森的著作《重新想像教育的未來》，另一本就是本書《學習的革命二．〇：AI與疫情如何改變教育的未來》。

前書維持肯．羅賓森的一貫風格，幽默中帶著批判，是本易讀的書；相較來說，佐藤學這本新作較為艱澀。但如果硬要在這兩本中挑一本來讀，我會更推薦台灣的讀者，特別是政策制定者跟教育工作者，要看佐藤學的書，我有以下三個理由。

第一、國際且宏觀的視角。

佐藤學雖然是日本東京大學土生土長的博士並且持續在東大任教，但是他的研究以及他過去對於「學習共同體」的深入挖掘，是受到全世界肯定的。美國國家教育學會（National Academy of Education, NAEd）的會員中有百餘位頂尖的美國教育研究者，而僅有六位非美國籍研究者，佐藤學是唯一一位亞洲學者，可見其論述受美國為代表的國際之重視。

書中清楚點出，佐藤學撰寫本書的想法，是從二〇一六年的世界經濟論壇談到「工業四．〇」開始的。雖然很多教育學者並不喜歡把教育跟產業掛鉤，認為這會把教育的目的窄化成只有經濟性目的，但仔細看佐藤學的論述會發現，他之所以會緊扣「工業四．〇」這個核心，是因為這樣的發展不僅影響經濟，同時也影響社會、文化以及人類如何自我發展，這剛好和肯．羅賓森的教育四重目的不謀而合。

教育不該只為經濟效力，但同時教育也不應跟經濟脫鉤，這樣的務實，是任何政策制定者以及教育工作者都必須要體認的。而佐藤學用更國際且宏觀的視角去談，事實上「全球教育市場的巨大化」已經是一個不可逆的趨勢。這裡面有正面的影響，也有負面的影響，因此我們應該避免跳到全面擁抱與全面排斥的極端，而是發揮思辨能力，去思考台灣可以怎麼走。

第二、日本的脈絡與台灣更接近。

古諺有云：「他山之石可以攻錯。」以前台灣的教育變革喜歡看美國，因為有很多學者從美國回來；近來，包含一〇八課綱，我們則很喜歡看芬蘭。但不得不承認，無論是美國或芬蘭，在文化脈絡與歷史背景上，都與台灣相差甚大，在學習中常要避免畫虎不成反類犬。

而日本，不論是在高齡化或者是同樣受儒家思想影響，這些反而是跟台灣更相近的。特別的是，過去在ＩＣＴ融入教育上相對保守的日本，在疫情期間，卻大舉加速「一人一機」的 GIGA School 計畫，讓全世界的行動載具供應商都跑到日本去。而剛剛好，台灣也在今年啟動四年兩百億「生生用平板」的「中小學數位學習精進方案」，大概是教育界少有的超大型投資。而當脈絡相近的日本先投資時，日本所遇到的問題，絕對值得台灣去深入研究與反思。

書中有一段有趣的現場故事，因為要融入平板的使用，許多政府計畫都會綁孩子的使用時數，而在第一個月還算可行，但到第二個月，不論是跑在前面或者是進度落後的孩子都產生抱怨，老師就只能一直退守到三分之一課本、三分之一電子光碟、三分之一數位學習的狀況，最終又把數位學習變成非常次要為輔的角色。這裡面並不是因為數位學習是負面的，而是一下子狂推，如果沒有比較細緻的教學配套，加上教師增能的時間大大不如以往，反而可能造成負面效果。以我自己在均一平台教育基金會所看到的現場挑戰，也有許多是如此。

另外一個有趣的觀察點在於，日本這一波的變革除了是日本的教育部（文部科學省）大力投入外，經濟部（經濟產業省）也成為重要的政策共同推動者。目前，台灣在這方面僅限以教育部為主，不論是經濟部、國發會或者即將要運作的數位發展部，都還沒有明確的角色，而這樣的變革確實可能需要跨部會的協作，才能達到更深入的效果。這一點，或許也可以參考日本的經驗。

均一平台教育基金會獲得第五屆「總統創新獎」，剛剛好是由經濟部主責的獎項，或許，政府可以更深入去思索這中間如何統合綜效。

第三、對學習扎實的洞見與證據。

最終，任何一本談教育的書，一定要扣回學習本身，因為學習才是教育要達到的最終目的。佐藤學用「持續學習的勞動者」來說明要因應不斷的變化並終身學習，社會與經濟的發展才有可能健康前行。

我很喜歡佐藤學從這個視角切入，再次檢視科技在教育中的角色時，並不僅限於「個人最適化」的切角，也就是每個孩子都可以學習到合適自己程度及速度的內容。這是根植於施金納的編序教學或者布魯姆的精熟學習等理論的整合運用，確實這也是科技之力所能達到的。

但是，如果只局限在此，不僅無法培養有創造力的下一代，甚至會把教育再一次窄化為只是分數的提升。也因此，本書第八章談到的「探究協同學習」，並且用十個案例說明，如何運用網路進行更深入的主題探究，或者是更有效地去呈現並且與他人協作共創，都是科技融入教育更重要的應用。

對我個人而言，科技能帶給教育的最大機會，是讓教育能從「工廠模式」大步邁向「個人化深度學習」，一個面向側重自由度的提升，另一個面向側重深度的加強。佐藤學用更扎實的論述與案例來表達這些概念。

基於以上三個理由，我衷心推薦台灣的朋友可以去買這一本書來讀，遇上生硬之處停下來，反覆看幾次，一定會有更深的體會。

而二〇二一年，恰巧台灣也在疫情後誕生了第一所「數位實驗高中T-School」，標榜要用科技輔助未來教育更突破性的進展。我相信，在工業四・〇、一〇八課綱、疫情等因素交錯之下，雖然給台灣教育帶來很多挑戰與壓力，但我們若能挺過這樣的壓力，台灣將有機會成為區域內、甚至是整個國際上一個重要的教育變革案例。而比這個更重要的是，我們的每一個孩子，就真的有機會享有公平且優質的學習權。

推薦序

學習革命二・〇VS工業革命四・〇

康橋學校昆山校區小學部校長 **林文生**

自從二〇一二年《學習的革命：從教室出發的改革》在台灣出版，課堂改革的步伐就不曾停歇，這十年來，佐藤學教授幾乎將每年的聖誕假期貢獻給台灣。如果說佐藤學是台灣課堂教學改革的聖誕老人，一點也不為過。

佐藤學教授之所以受到現場教師的歡迎，有很大的成分是因為他不斷走進課堂，不斷發現問題、研究問題、解決問題。所以佐藤學教授來台灣所傳導的不僅是學習的理論，也是解決問題的處方。

讓我印象最深刻的是，當全台都還在瘋狂地強調分組發表、分組競賽的時候，他就提出「傾聽」才是學習的核心，而不是「發表」。傾聽的強調與實踐，終於讓過度浪漫的教室得以冷卻下來，休養生息。

事隔十年，《學習的革命二・〇》又有機會在台灣出版，實在是台灣教育界的福音。如果說佐藤學教授在《學習的革命》是以螞蟻之眼，帶領大家去領略課堂教學的細節與問題，那麼《學習的革命二・〇》便是以老鷹之眼，站在全球化的視野，分析工業四・〇對於經濟生產模式、就業型態、教育模式等所產生的劇烈影響。

由於各國政府對於工業四・〇過於浪漫美好的憧憬，加上新冠疫情對於教育產業的衝擊，電腦與資訊科技似乎就成為停班不停學的救世主。然而，事實真是如此嗎？從二〇二〇到二〇二二年這段疫情期間，各校不斷受到疫情衝擊，停止實體課程，改為線上教學，實際上就面臨以下的問題：

1. 每個家庭是否都擁有足夠的網路頻寬可以支應教學傳播的網路流量？
2. 每位學生是否接受長時間錄播的課程而不會分心？

3. 長時間接觸電腦螢幕是否會導致近視的加深？

4. 網路課程無法取代的實體課程，例如游泳、實驗、體育、團體互動……，這些比分數還重要的實體課程如何實施？

5. 網路授課破壞了原有的課程結構，原本兩節語、數，後面接著一節音樂，再加上一節體育，對於學習的心靈具有強烈的調劑作用。網課之後就只能線上的學習活動，大大限縮五官可以參與的活動課程。

6. 對於雙薪家庭忙於工作的家長，網課的品質只能完全依賴孩子的主動性與意志力。

7. 網路課程失去了人與人互動的機會，最後學生會喪失了部分人際互動的能力，例如對方生氣的時候如何應對？如何察言觀色？如何接話？如何整合大家的意見？網路課程會從人際互動，轉變為人機互動。

資訊科技所帶來的衝擊當然不只在教育面向。當我們走進餐廳，送餐的都是機器人；進入超市結帳的也是機器人；入住飯店，擔任客服的也是機器人；

以後走進醫院幫我們量血壓、測心跳、健康檢查的都是機器人——當大量的工作都被機器人取代的時候，人類生存的主體性將面臨重大的衝擊。

那麼，哪些是機器人所無法取代的能力？目前比較統一的答案是情感與創意。例如，很多華人喜歡鄧麗君的歌曲，也可以透過電腦3D的技術還原鄧麗君唱歌的狀態。可是每位觀眾都知道，那不是真的。我曾經有將近兩年的時間離家到外地去工作，也經常利用視訊跟家裡的小狗互動，剛開始牠的耳朵還會動一動，感覺是聽到熟悉的聲音；幾次之後，牠連耳朵都懶得動，因為牠知道「那不是真的」。兩年之後回到家，牠看我一眼，還不斷在我身上聞了又聞，確定之後，牠就縱身跳起，在我身上親了又親。原來情感是由多重維度所構成的立體經驗，當一位好朋友坐在我的旁邊，就算還沒有開始講話，心裡都會覺得十分溫暖。情感教育反而是工業四・〇之後重要的工作。

另一個主題是創意，創意也是機器人所無法取代的，縱使機器人也可以模仿人類創作出動人的音樂，但是機器人無法賦予歌詞、歌曲深刻的生命意義。

當許多人一起傳唱「但願人長久、千里共嬋娟」，只有共同文化經歷的人，才可以共同體會文字的美感與惆悵。

台灣在一波又一波的教育改革歷程中，留下最多的經驗就是創意教學，從最早期創意思考教學、開放教育、特色學校、創新教學獎、教學卓越獎等，都跟學習的創意有關。台灣的教育環境，可以說是解除了部分學習創意的束縛，如果可以持續這種改革開放的校風，孩子的擴散性創造思考，就會源源不斷被開發出來。

創意才是推動資訊科技進步的原動力，從人力、獸力時代，到蒸汽動力、汽柴油動力、到純電汽車的問世，每個世代的演變，時間愈來愈短。其中所依賴的就是人類無窮無盡的創意。

既然如此，那麼資訊科技之於教育應該扮演怎樣的角色？佐藤學教授給了一個明確答案，那就是「透明的存在」。資訊科技的角色，應該從電腦輔助教學系統（CAI），轉變為電腦輔助學習系統（CAL）。資訊科技最重要的角色就是協助學習的工具，如何善用這種工具來增進學習的效果，才是資訊科技在教育上具備的功能及角色。

最後佐藤學教授總結出未來教育的三大方向：創新、協同、探究。將資訊科技納入學習的工具箱，善用資訊科技進行主題式的學習，讓學生與學生的力量結合在一起，不斷對於未知的世界深深地挖掘。這可能也是二十一世紀對於學習的重新定義吧！

推薦序

教育不能忘記學習的本質

社團法人瑩光教育協會理事長 **藍偉瑩**

在台灣，教育現場不斷有新的理論或政策，已然成為一種必然，無論是來自於主管機關或是民間組織，談的都是教育需要改革。改革的目的是什麼？過去是錯誤的嗎？為何非改不可？這樣的情形呈現的結果是有一些人永遠在追求新的理論與方法，有一些人永遠不動如山，還有一些人則是被一大堆資訊搞得很焦慮，卻不見得真正花時間接觸。有部分追求「流行」的人急欲學會新方法，教學方法愈來愈像拼裝車，或是不斷地換方法企圖找到一個完美解方。你是哪一種？我不喜歡追流行，如果聽到新的理論或政策，第一個問的是為何需要如此。回到本質後會發現，其實目的都是相同的，那就是「學習」。你如何將新的所知融入你有的已知，進一步優化學習呢？

二〇一二年佐藤學教授的「學習共同體」引入台灣，在台灣颳起一陣旋風，無論是書籍或演講，有不少人是每一場都追，甚至有許多縣市遠赴日本取經，想親眼看看這樣的理念是如何運作的。記得初次聽到這個名稱是朋友問我台北某個演講廳要如何到達，並說要去聽佐藤教授的演講，當時我只注意要怎麼幫助他到達。大約半年後，學校主任詢問我是否願意代表學校跟著教育局去日本參訪，沒多了解內容就答應了，到了日本才知道原來是要參訪實施學習共同體的學校。一路上同行的老師們詢問許多問題，這些問題對我來說都是已知，因為我的碩士論文處理的就是學習共同體中提到的協同學習。協同學習不是新的教育理論，為何值得這樣被「追」？不只是我，很多教育圈的學者和老師也同樣充滿疑問。這讓我開始花時間了解學習共同體的完整理論：原來不只是教室內的學習，其背後蘊含杜威與維高斯基的教育哲學觀是如何整合在一起，同時思考著學校在社會中的定位，所有人在學校教育實踐中的角色，共同體包含了社會、學校、教師群體、親師、師生等，而不僅僅是一個課堂。

為了不讓學生從學習中逃走，一九九五年佐藤學教授提出多元、多層次的學習概念，藉由語言活動，把學習重新界定為「意義與關聯的建構」。協同學習追求的學習是透過和事物的相遇與對話來構築世界；與他人的相遇與對話來構築同伴；與自己的相遇與對話來構築自我，學習共同體的課程是提供學習的軌跡，要創造學習的經驗，這樣的經驗不是在辦公室裡創造出來的，而是在教室裡慢慢創造出來的。以學生的認知興趣和需要為基礎的單元主題，透過主題探究的素材或資料，促進學生探究和交流互動活動的學習環境，進而預見學習發展性的可能。將學生與對象物、其他學生和自我的接觸與對話作為單元並加以組織，將活動的、協同的與反思的學習作為單元並加以組織。這樣的學習也正是二十一世紀各國或各國際組織所追求的模式，透過學習安排讓學生與世界中的人事物連結，讓學生找回學習的熱情與動機，讓學生擁有認識世界的能力，讓學生保有面對世界的勇氣與態度，讓這個世界能夠共好永續。

二〇二〇年以來，新冠疫情對於全球的衝擊讓數位學習的推動跨出一大步，停課不停學讓所有人不得不認真地面對與運用。台灣教育政策從過去的多媒體運用，到正在登場的「生生用平板」，工具的運用永遠不可能高過課程的規劃與教學的安排，老師和父母都應該思考的是如何透過數位工具讓學生的學習得到助益，用對而非無意義的濫用，不該追求數字上的ＫＰＩ，更不能把數位學習當成改變與解決的萬靈丹，教育裡最關鍵的仍然是人。回到學習的本質，在充滿挑戰的時代中更不能迷失教育的初衷。

推薦序

未來社會的改革與創新，來自於現今學習的革命

新北市科技教育諮詢委員 **施信源**

十年前「學習的革命」帶來學習共同體的課堂改變，十年後面對全球疫情影響學習與科技融入課堂的問題，佐藤學教授再次帶來了「學習的革命二．〇」，同樣讓人有如醍醐灌頂般的啟發與感動！

「生生用平板」的兩百億教育投資，即將在暑假進入每一間教室。二〇二一年疫情帶來的「五一八停課不停學事變」，讓全台教師資訊能力、教學模式、行政支援等科技應用能力提升，寫下了歷史紀錄。然而，接下來面對的不是危機，而是二〇三〇的願景——自主學習與適性教育的未來教室，我們要如

何邁出步伐？

而當我們昂首向前時，卻必須面對二〇三〇年全球預計有八億學生是學習失敗，低收入和中等收入國家億萬青少年學生，正面臨在成年後喪失機會和低工資的前景。其原因是中小學未能給予他們獲得人生成功機會的教育。從過去高度體力轉變為高度腦力的勞動，教室與課堂應該有什麼轉變？

科技融入學習熱潮之下，ICT的未來教室是否真是未來？教室裡的平板、智慧觸控螢幕到各大平台，是科技堆疊還是智慧學習的表現？是教學工具還是學習工具？教師的課程、教學地位又將如何轉變？

許多的問題總是伴隨著前進的腳步，讓人如臨深淵。佐藤學教授十年前走踏數以千計教室所完成的「學習的革命」猶如明燈，帶來課堂教學改變的方向。十年的暌違，佐藤學教授再一次透過實證走踏，在ICT、AIoT、機器人、工業四．〇、線上教育等許多重大科技推波的熱浪下，以更具冷靜、理性、未來、宏觀與微觀兼具的教育觀察，帶來「學習的革命二．〇」，非常值得各階段的教育人員參考與應用。筆者長年深信社會的改革與創新，來自於教育的力量。而這次面對科技、後疫情下所產生的「學習的革命」，也將影響著未來！

推薦序

走向四・〇的教育

國立清華大學動力機械工程學系教授、前清華大學校長 **賀陳弘**

工業一・〇到四・〇，大家耳熟能詳，其實教育有著相同的變化。一・〇是分別誕生了人力以外的工業與教育實施工具；二・〇是大規模的工業製造與普及教育；三・〇引入電子化的生產與教育方式；四・〇則是連結大數據的客製化生產與教育。ＩＣＴ從三・〇開始進入教育現場，使教育不再受到時間與空間的限制，進行翻轉式與遠距的教育。教育內容不再受到特定教材的限制，上窮碧落下黃泉，很輕易地在指尖獲得。到了四・〇，大數據以及互聯網帶來的最重要變化，是更加尊重每一個人：工業上是為顧客客製化不同的產品，教育上則是完全可以因材施教，不再受到固定時間、空間與教材的規格化的教育所限制。從規格化到適性化，是千百年來教育的一大步，傳統教育的理想出現了從談論到落實的最大可能性。

教育出現更多的內容、更多的選擇，的確同時帶來更多的興奮與焦慮。教育變得複雜，老師、學生、家長更加煩惱。快樂學習，不再是建築在選擇的單純，而是適才適性的學習方式。大規模的適性教育，必然伴隨著大尺度的多元化與複雜的選擇，教育現場的環境、教材、師資、評量、文憑、學校制度、大學與高中的招生方式……，全都會陸續變動。台灣教育界的客觀環境與主觀的心理，可能都還沒有準備好面對這一場變動。佐藤教授這本書，從人人都有的疫情經驗出發，引導教育變革的討論，可以為台灣的教育帶來新的啟發與所需要的動力。

推薦序

科技的角色，「輔助」教學

國立臺灣師範大學教育學系教授 **陳佩英**

佐藤學的第二本書《學習的革命二・〇：AI與疫情如何改變教育的未來》，除了堅持學習共同體的同儕探究與協同學習的理念，以及課堂的民主實踐之外，作者進一步從後疫情的學校教育轉型、ICT教育科技產業化的發展趨勢，重申學習革命的人文價值。

作者提醒教育工作者與政策決策者，電腦與數位科技應視為學習的輔助工具，而非教學工具，且不能任由市場和私營改變了教育的公共性價值。如此，教師的專業才得以發揮，懂得善用教學科技進行教學設計、協調和反思，並為學生的學習搭起鷹架，讓學習過程充滿創意、即興和發現。教師也可運用ＩＣＴ增強學生的協同學習，引導學生在對話中持續思考與探究，在社會互動中建構理解與學習意義，進而培養學生具備世界公民素養的終身學習者。

台灣版
作者序

為台灣教育的未來
與孩子們將來的幸福貢獻力量

本書雖然是一本篇幅不大的小書，內容卻論述了巨大的主題。「工業四．〇」（The Fourth Industrial Revolution, Industry 4.0）的概念在二〇一六年經由世界經濟論壇（達沃斯會議）的介紹而普及，在極短的時間就擴大到全世界，並且以更快的速度劇烈改變產業、經濟、社會、文化與教育。不僅如此，新冠肺炎的大流行更加快了工業四．〇的腳步。

在工業四．〇之下，教育產生了以下三大變化。第一個變化是ＩＣＴ（Information and Communication Technology）教育市場的爆炸性擴張。如今世界的ＩＣＴ教育市場已經達到了一八〇兆新台幣，這個金額是世界汽車市場的四倍之多。第二個變化是ＩＣＴ機器在學校現場的快速普及。因為疫情造成學校必須進行線上課程，如今對於世界各國而言，ＩＣＴ機器都已經成為學校教育的必需品。第三個變化是學校的課程與學習革新。世界經濟論壇在提出「二〇二〇未來工作報告（The Future of Jobs 2020）」時指出，二〇二〇年時世界的工作已經有二十九％達到自動機械化，預測在二〇二五年時高達五十二％的工作將被人工智能與機器人取代。目前十二歲的孩子將來出社會時所從事的工作，將有六十五％是現在不存在的工作，也就是需要比現在擁有更高知識才能進行的工作。學校的課程必須以「創造（creativity）」、「探究（inquiry）」、「協同（collaboration）」以及革新的學習為中心進行改革。

工業四．〇與教育的關係是極其重要的議題，但研究此議題的論文或書刊卻極為稀少。因此，我花費了非常多的時間與非常大的心力收集資料撰寫本書。作為費盡心力的果實，本書上市後隨即成為暢銷書，海外的翻譯出版計畫也不間斷進行。期待本書成為學校改革與學習革新的指針，給予更多的台灣讀者閱讀並參考的機會。

二〇二〇年起因為疫情，世界上一八六個國家平均停課約七個月，台灣只停課了一個月，台灣可說是世界上對應新冠肺炎最成功的國家之一。但是，對於工業四・〇的因應策略與ＩＣＴ教育的進展，台灣與日本相同，以國際來說都是比較遲鈍的國家之一。新冠肺炎的大流行之下，與日本相同，台灣也加緊腳步整備「一人一機（平板）」。日本在二〇二〇年電腦及平板的銷售數量為二〇一九年的兩倍之多，這一整年的數字幾乎都是販賣給學校的銷售量。相信台灣也有類似狀況。

ＩＣＴ教育這樣爆炸式的滲透，會在學校現場與教育行政層面產生許多混亂。ＩＣＴ企業透過巨額的投資把教育當成「大生意」（big business）積極滲入，一般民眾與教育行政會將「ＩＣＴ神話」當成萬靈藥，教師也會想盡辦法在即使不需要的場合也使用ＩＣＴ機器。台灣與日本面臨同樣混亂，這是在短期內突然導入ＩＣＴ教育的地區不能避免的現象。

然而，我們應該站在更廣大的視野，用更冷靜的態度直視教育的未來。因此我希望透過這本小書，提供思考的線索。

本書的出版是在《親子天下》的支持下所實現。《親子天下》在十年前曾經出版我的著作《學習的革命》，為其後台灣的學校改革做出了極大的貢獻。《親子天下》在睽違將近十年後，再次決定出版這本論述工業四・〇與教育的未來的重要議題，極可能決定台灣未來的書，對我來說是無上的歡喜。

如同前面多本的翻譯著作，這本書也是委託黃郁倫老師翻譯。黃郁倫老師是我在東京大學研究所任教時在我研究室學習的優秀研究者，我確信沒有人比她更能勝任本書的翻譯工作。我深表感謝！

現在世界正進入歷史上少見的激烈變動的時代，台灣也處於變動的旋風當中。期待本書能為台灣教育的未來與孩子們將來的幸福貢獻些許力量。

二〇二一年五月三十日

佐藤學

前言

世界及日本的社會與教育正在面臨一場巨大變化。以下列三種變化為根基，如今更加速進行。

第一個變化，是由於新冠肺炎大流行所帶來的社會與教育的變化。二〇一九年的年底之前，沒有人預想到有這樣的大轉變。二〇二〇年一月以後，新冠肺炎席捲了全世界，地球上每個角落都陷入了社會功能不全的狀態，同年四月，全世界更有高達九十一％的孩子沒有辦法到校學習。

關於新冠肺炎大流行存有兩個悖論。其一，是該病毒寄生於哺乳類動物中進化最為緩慢的蝙蝠體內，作為生命體並不完全。但這樣不完全的病毒竟成功侵襲了動物中最是進化的人類；另一則是病毒大流行襲擊了全球發展最先進的國家美國，而且攻勢還最為猛烈。這兩個悖論在根本上顯現出人類與自然的不和諧（破壞森林），以及因現代資本主義失敗而產生的結果。

第二個變化，在於工業四．〇的進展。以人工智能、機器人、聯繫所有物品之物聯網（IoT, Internet of Things，連結所有事物的網路與大數據）以及大數據（big data）等為代表的工業四．〇，為工業、社會、經濟、文化、教育帶來了根本上的變化。而這樣的工業革命究竟會為人類帶來更大的幸福，還是更大的不幸？目前仍屬未知數。不管如何，我們都必須留意一件事：在工業四．〇中，「教育」占了舞台的一部分。在談論到現今抑或是未來的教育時，ＩＣＴ教育已成為必需的要項。甚至有一部分的人士漸漸認為「未來的教育＝ＩＣＴ教育」的思維將成常識。為什麼會產生「ＩＣＴ教育的神話」？而這樣的「神話」究竟訴說著什麼樣的故事？甚或，如果希望ＩＣＴ教育對於未來有所貢獻，什麼樣的ＩＣＴ教育才存有可能性？關於此點，我將在本書中作為核心題目進行論述。

第三個社會與教育的變化，在於經濟全球化的加速進行。非常遺憾的是，日本應對經濟全球化，是失敗的國家之一。在「平成時代」的三十年中（一九八九年－二〇一九年），世界一百九十六個國家的GDP平均成長率為四倍。韓國為六倍，台灣也是六倍，中國的GDP成長率為二十六倍。但是日本的成長率僅為一・六倍。因為政府外交、經濟、社會、教育政策的失敗，日本的經濟成長率持續停滯，這樣的波瀾也翻覆了日本的孩子與年輕族群。

另一方面，資本主義以異常的形式開展著，以電子貨幣為主的投資市場脫離了實體經濟，使得「虛無的經濟（投資資本主義）」愈漸肥大，如今位居世界首富的二一〇〇人竟擁有等同於全世界約六成人口（約四十六億人）的資產額，造成極端的貧富差距（二〇一九年）。

要探究「工業四・〇與教育的未來」，必須就上述三項變化多層開展的現實面進行多角度的檢證，將三者在結構上的關聯性進行解套，才能進而摸索教育革新的方向。

我抱持以下三點目的執筆本書。

第一個目的，在新冠肺炎大流行、工業四．〇、經濟全球化之下，世界與日本的教育將如何變化？我將分析許多資料與數據，確切說明教育未來的變化。

第二個目的，釐清工業四．〇對公共教育所產生的影響。工業四．〇並非只有加速推動教育的ＩＣＴ化。教育市場急速成長，是以全球化為背景所產生，教育變形為「大生意」，而帶來公共教育的危機。並且，以ＩＣＴ教育為中心的教育市場，其擴張與「大生意」化，如今更因新冠肺炎的流行而加速。

第三個目的，在於探究能夠應對工業四．〇的教育與學習型態。課堂與學習應該如何因應新的時代？甚或，未來的學校應該是怎麼樣的存在？要回答這些問題並非易事，而我將在本書中提出摸索未來的學校與教室的路徑。

本書所涉及的主題非常複雜且龐大，但我特意以小冊子的方式出版，希望藉由本冊，盡可能讓多方人士意識到社會與教育正在面對與即將面對的問題，藉以共同議論，進而準備孩子的教育與日本社會的未來。期待本書成為參考的線索，幫助各位讀者抱持明確的思維，持續討論相關主題。

後新冠時代的
學習再革命

後新冠時代的
學習再革命

1

工業四・〇造成的社會變化

工業四・〇所帶來的技術革新，
剝奪的不僅有身體勞動的工作，
更有頭腦勞動的工作。
意即，在此革命下所產生的新工作內容，
是比現在頭腦勞動的工作
更需要高度腦力的勞動。

> TThis instrumentality becomes a master and works fatally...... not because it has a will but because man has not. (John Dewey)
> 工具（技術）成為了支配者，並進行破壞性的工作。（中略）不是因為工具（技術）有意志，而是因為人類沒有。（約翰．杜威）

工業四．〇與勞動市場的變化

「工業四．〇」一詞，首次出現於二〇一六年在瑞士達沃斯所舉辦的世界經濟論壇，指的是以ＡＩ人工智能與機器人、連結所有事物的物聯網與大數據為首，透過奈米技術、生物技術以及開發再生能源等技術所進行的工業革命。

第一次工業革命始於英國，從十八世紀半發展到十九世紀。當時是以水力與蒸汽作為新能源，紡織業與鋼鐵業因此有了躍進，而蒸汽船與鐵路的開發也興起了交通革命。第二次工業革命發展於十九世紀後半到二十世紀後半，電力能源開啟了工廠的大量生產系統，重化工業也隨之發展；第二次世界大戰前後日本經濟飛躍式成長，便是因為第二次工業革命的影響。第三次工業革命是一九八〇年代以後的ＩＴ革命，由於電腦開發與普及，推進數位化，再生能源的開發也是在此時進行。ＩＴ革命在日本發展得不上不下，因此並沒有帶來原本預期的變化。ＩＴ革命的象徵就是iPhone，而iPhone的零件約七成是日本製造，但九成以上的利潤都為Apple公司占有。因此，ＩＴ革命可說是美國企業獨勝為終，舉凡Microsoft（微軟）、Intel（英特爾）、Facebook（臉書）[1]、Amazon（亞馬遜）、Apple（蘋果）、Google（谷歌）等，這場ＩＴ革命中的主要角色大多是美國企業。

1 Facebook 公司名已於二〇二一年十月二十八日改為 Meta（元宇宙）。

工業四・〇在二〇一二年左右就已經在德國的「智慧工廠」（運用AI與機器人控制生產過程的工廠）實現。舉例來說，在西門子的智慧工廠根據大數據，從三百多種的香水當中選定最合適推薦給顧客的商品，並且進行網路販售，依據顧客的訂單，由工廠自動化製造香水。目前產品是以人力宅配進行配送，但我相信數年後可能就會以無人機配送了吧。由此，從宣傳、販售、製造到配送的一切流程，將無需人力就能達成。

從此例可知，工業四・〇將急速改變人類的勞動狀況與生活。有人預測到二〇四五年時，人工智能的「科技奇點（singularity）」將超越人類的能力，工業四・〇在接下來的二十五年將加速進行（只是我對於科技奇點的到來抱持懷疑，因為即使在技術上可行，但如果對於市場經濟沒有實質利益，科技奇點將不會登場）。

關於工業四・〇，已經有許多人開始各式各樣的「未來預測」。其中最為人所知的，就是預測AI、機器人與物聯網將取代現在許多勞動力。預測之一指出，到二〇三五年時英國將有三十四％、美國有四十二％、日本更有四十九％的工作被ＡＩ與機器人取代。到二〇三五年，也就是十三年後，因自動駕駛之故，運輸業（計程車、公車、貨車）的勞動者將有九十八％面臨失業，而店鋪將完成無人化系統，金融業從業者、醫師或律師等職也會銳減。

應該有許多人對於工業四・〇所帶來的勞動變化非常有感。舉日本為例，從二〇一八年就以許多大型銀行為中心，開始裁減金融業員工的從業人數。而在超市或量販店，也逐漸增加了數位化無人收銀機的使用。如此一來，現下的工作即將有一半會被ＡＩ與機器人取代一事，任誰都會有感吧！

另一方面，如同前幾次的工業革命般，工業四・〇也會產生新的工作。人們預測二〇三五年的勞動內容有六成以上是目前不存在的工作。也有人認為因工業四・〇失去工作只是暫時的，由於嶄新的勞動型態或內容即將誕生，毋須擔心失業。但我認為這樣的預測實在過分樂觀了。

人類的工作大致可分為頭腦的勞動與身體的勞動，前面幾次的工業革命因技術革新，所剝奪的是身體勞動的工作。然而，工業四．〇所帶來的技術革新，剝奪的不僅有身體勞動的工作，更有頭腦勞動的工作。意即，在此革命下所產生的新工作內容，是比現在頭腦勞動的工作更需要高度腦力的勞動。

這樣的狀況會引發嚴重的問題：要因應這番變化的人們倘若沒跟上腳步學習，大量的人將遭到社會淘汰，掉落至「無用階級」（useless class）的險境。如果被勞動市場淘汰的人一多，純靠身體勞動的薪資就會益發降低。不僅如此，現代的勞動市場是超越國界的，失去工作的人們作為人類最低程度的生活水準也有可能會被剝奪，或者只能外移至殘留單純勞動的國家找尋工作，在世界中徬徨徘徊。我們必須竭盡所能避免這樣的危機發生，而教育在此肩負著極大的責任。

大數據

工業四・〇的基礎之一就是大數據。過去日本在ＩＴ技術領先全球的時代時，ＡＩ技術所追求的是理論的演算法，其後ＡＩ技術轉向為處理大量數據的演算法。ＡＩ得以打贏世界第一名的西洋棋手，靠的就是大數據處理，自動駕駛的開發也是大數據的影像處理技術促成。

大數據的增加與積累相當快速。在美國，Google掌握所有使用人口的網路紀錄，從進入的所有網站到信箱的訊息，這些數據最終集中在美國的國防部保管。幾年前，曾有通緝犯潛伏在中國，其蹤跡在地方市鎮喧囂之處被發現並遭到逮捕。這是由於透過大數據的影像處理技術，在十四億人口當中以人臉辨識發現特定者。不僅如此，從幾年前開始美國已經發展出如同蜜蜂般大小的無人監視機，二十四小時無休地監視潛在的危險人物，只要按下遠端遙控的按鈕，就能立刻將人殺害。

大數據的積累與分析能力也正在滲透我們的日常生活。舉例而言，我常在Amazon購買許多日文及外文的書籍與CD，也常透過Amazon Prime會員觀看電影。在看到Amazon網站的「推薦商品」的欄位時，總是感到驚奇，因為Amazon竟然比我自己更熟知我的喜好！就好像我與世界的隔閡已經消融，我也和其他商品一樣，全部都進入了物聯網網路的大數據裡。

在美國，大數據累積了包括學生從小學一年級開始的所有學力測驗結果，在學習各學科中如何理解學習內容以及哪裡不懂，與關於該學科的學習中使用了什麼網路資訊以及如何查到之類的個人數據。ICT教育透過分析大數據，就能按照每人不同的能力與學習歷程，提供最適合的單元學習。

大數據的收集，在保護個資的部分引發了幾個問題。我所加入的美國國家教育學會（NAEd）在二〇一七年就已將此議題做成報告書，警告大數據在推動學習科學的研究上固然有其價值，但同時也可能被利用為侵害個資或達成商業目的的工具。

IT企業的急速成長

工業四・〇為人類的日常生活帶來了極大變化。其中最具象徵性的企業，就是Amazon與Facebook。

Amazon始於一九九五年，當時是網路書店，工作人員約有三萬人。Amazon的特徵在於它的「向您推薦」的功能，能從客戶過去的購買歷史推薦給顧客其可能會感興趣的商品，此功能再加上快速的配送，使Amazon銷售量得到驚人的成長。Amazon的營業額在二〇一八年達到一一六〇億美元（約十二兆日圓），幾乎是已經可比擬瑞典國家總財政的巨額，其後每季都顯示成長率超過二十%。截至二〇一二年為止，美國零售消費市場的銷售額是以大型連鎖超市Walmart（沃爾瑪）為首，但二〇一九年Amazon的銷售額已是Walmart網路商城業績的一百倍。如今，於美國的零售消費市場，約有三十九%的商品人們會從Amazon購入，而第二名的Walmart市占率只有五・八%（二〇二〇年），美國的零售消費市場可說是完全被 Amazon 攻占。中國的阿里巴巴也同樣朝超大型企業的規模發展。日本最大的網路商城是樂天，但樂天一年的銷售額只是阿里巴巴一年銷售額的單日份而已。

那 Facebook 的發展為何呢？Facebook 是二〇〇四年由當時就讀哈佛大學的馬克．祖克伯（Mark Zuckerberg）為了校內學生所開發的社群服務系統。二〇〇六年，當此社群服務系統對外開放給一般人使用，轉瞬就普及於全世界，在二〇一二年成長為使用者達十億人的一大網絡，二〇一七年時使用者更突破了二十億，其廣告收入極為驚人。二〇二〇年時，祖克伯所擁有的淨資產超過一千億美元（十一兆日圓），和 Amazon 創始人傑夫．貝佐斯（Jeff Bezos，資產二十兆日圓）一樣，是世界前三大富豪。一個大學生僅用了十五年的時間，竟然躋身為世界前三大富豪！

我們再來看另一個工業四．〇對產業與經濟造成的大幅變化。世界的企業排行是以「國際股市指數」（World Stock Market）編列。二〇二〇年八月的排行是Apple為首，其次為沙烏地阿拉伯國家石油公司（Saudi Aramco）、Microsoft、Alphabet（字母控股）、Facebook、阿里巴巴等公司。前三十名幾乎都是ＩＴ企業。這三十間公司的國別有美國二十一間、中國四間、瑞士兩間、沙烏地阿拉伯一間、韓國一間以及台灣一間。前三十名中，日本企業沒有占到任何一名，而前五十名內也只有豐田（Toyota）一間而已（第四十八名）。

我們來比較一下三十二年前的光景。根據一九九八年國際股市指數的企業排行，前三十名的企業中，有二十一個企業是日本企業，由此可見日本企業之凋零。造成這樣的衰退，是由於引領世界經濟的企業，其業種發生了變化。三十二年前的排行，占上位的企業為金融業與汽車產業，但現在幾乎都已為ＩＴ企業所取代了。日本在這三十年來固守第二次工業革命時代的產業與教育型態，對轉換產業與教育使之符合二十一世紀型態一事有所怠惰，無法因應全球化。結果，這三十年來的ＧＤＰ成長率掉到世界最低程度（第一七〇名）的一・六倍（世界平均為四・〇倍）。雖然穩坐世界ＧＤＰ第三名，但經濟態勢

（GDP成長率）已經掉到世界最低。這樣的狀態猶如雖然還擁有大量汽油，但因引擎老舊破爛，油耗高而推動力低落。我認為，在這種狀態下，再加上新冠肺炎大流行的侵襲，日本社會與經濟將產生嚴重的問題。

工業四．〇與政府．經濟產業省．文部科學省

對於工業四．〇，日本政府的應對絕不緩慢。二〇一六年當世界經濟論壇（達沃斯會議）宣告工業四．〇的時代來臨，隔年內閣府就與經濟產業省、厚生勞動省以及文部科學省共同舉行「工業四．〇人才培育推動會議」，在經濟產業省設置「人才力會議」；二〇一八年，內閣府提出「育人革命」，經濟產業省提出「社會五．〇」，文部科學省提出「邁向社會五．〇的人才培育推動」等計畫。

「社會五．〇」是二〇一六年於內閣府綜合科學技術會議的第五期科學技

術基本計畫中所登場的概念。這個概念定義狩獵時代的社會為「社會一．〇」，農耕時代的社會為「社會二．〇」，工業時代的社會為「社會三．〇」，電腦、數位時代的社會為「社會四．〇」，然後「社會五．〇」被定義為「在網際空間（cyberspace）與身體空間（physical space）高度融合的系統下，能夠同時發展經濟以及解決社會問題，以人為中心的社會」。「社會五．〇」在「新價值觀」之下構思出美妙的社會，樂觀描述充滿夢想的未來，卻缺乏科學實證，仍舊無法脫去日本的固有思維，在此我將不使用「社會五．〇」，而以「工業四．〇」的用語來表示。

「社會五．〇」將第四次工業革命描述得浪漫美善，但我們必須認知日本的現實狀況剛好相反。在第三次工業革命啟動的一九八〇年代，日本的ＩＴ技術位居世界之首，但其後卻逐漸喪失國際競爭力，原因在於一九八六年與一九九一年所簽訂的《美日半導體協議》。在這兩個協議中，日本半導體的市占被壓到世界市場的二十％以下，推動以美國為中心的ＩＴ技術開發，日本半導體與ＩＴ技術開發及販售的主導權被其他國家奪去。結果，一九八九年世界有五十二％的半導體原是由日本生產，但到二〇一七年只剩七％。因為對美國妥協的協議，導致日本ＩＴ技術的發展受到抑制，半導體的生產被韓國與台灣追上，電腦硬體的生產則被中國趕上，而軟體開發被印度超越。

不僅如此，工業四・〇的象徵是汽車的自動駕駛，日本相關技術進展也已落後美國、中國與德國了。日本將汽車自動駕駛的研究開發分為四個階段，第一階段是ＡＩ輔助人類駕駛，第二階段為人類與ＡＩ協同駕駛，第三階段為人類輔助ＡＩ駕駛，第四階段則是全權交由ＡＩ駕駛。但是，從第二階段朝第三階段的發展產生了技術上的難題，因此日本的自動駕駛技術開發呈停滯狀態。然而，美國與中國在開發上的設想與日本完全不同，他們從一開始就致力於第四階段，研究開發ＡＩ自動駕駛的汽車。結果，當日本正在掙扎如何從第二階段移升到第三階段時，美、中已經成功開發ＡＩ自動駕駛的汽車了。相較於日本將開發研究重點放在汽車駕駛自動化，但美國與中國則是開發新型汽車，將引擎與輪胎連接到具有大數據圖像處理技術的電腦上。儘管曾傲視於全世界的汽車產業，在自動駕駛技術上，日本都已被美國與中國後來居上。

內閣府、經濟產業省與文部科學省都認知到，日本經濟嚴峻是於IT革命（第三次工業革命）自國際競爭落軌所致。但他們並沒有回顧外交、經濟、教育政策的失誤等真正原因，反而積極想用ICT教育挽回工業四・〇的發展遲滯。「育人革命（內閣府）」（自民黨頭一次使用「革命」的字眼）也好、「社會五・〇（經濟產業省）」也好，一讀其內容，便會發現有如文部科學省的教育政策文件。換言之，本該由文部科學省擔責的政策卻由經濟產業省來承擔。其範本就是「邁向社會五・〇的人才培育推動」計畫，以及我於後撰述的「未來教室」與「EdTech研究會」、文部科學省的「GIGA School 構想」（Global and Innovation Gateway for All School）等。而透過這些政策，是否真能推動教育的革新，使日本有能力因應工業四・〇的變化呢？

教育思索

- 工業四・〇所帶來的技術革新將大大影響工作內容，為了培育可以因應未來的人才，在教育政策上、學校教育上，目前有什麼樣的調整足可面對這樣的變化？

後新冠時代的學習再革命

2

新冠肺炎大流行與ＩＣＴ教育

日本在突然宣布停課的二〇二〇年三月以後，
經濟產業省在因應學校停課措施中
所設立的網站「學習不停止的未來教室」，
有超過一百家的ＩＴ企業提供了「免費服務」的教育課程。
為什麼這些ＩＴ企業願意免費提供服務呢？
原因在於，疫情導致學校停課，
對ＩＴ企業而言是極大的商業機會，
在此期間能獲得多少客戶，
將決定企業將來是否能夠成功。

新冠肺炎對於教育的打擊

新冠肺炎大流行，出乎任何人的預料。然而，由寄生在蝙蝠身上的冠狀病毒所造成的傳播，包括二〇〇二年的SARS、二〇〇九年的新型流感、二〇一二年到二〇一五年的MERS、二〇一九年的新冠肺炎等，自二〇〇〇年以來頻繁發生。其他病毒所導致的感染，如愛滋病、禽流感、伊波拉病毒等大流行，約二十年前就開始頻繁出現。其根源在於森林遭到破壞、人類密集狩獵以及叢林飲食（bush food，生長在叢林的動物食材）的流行。因為森林被破壞，原本不食蝙蝠的動物在失去食物的情況之下開始吃蝙蝠，病毒便透過那些動物媒介侵襲人類，引發大流行。二〇二〇年，病毒學家研究寄生在蝙蝠身上的病毒，竟然發現有八萬五千種可能會對人類造成危害。當大自然持續遭到破壞，因病毒而起的大流行應該就會再三發生吧！

同時，因地球暖化造成北極的永凍土逐漸融化，埋藏在永凍土中已滅絕的

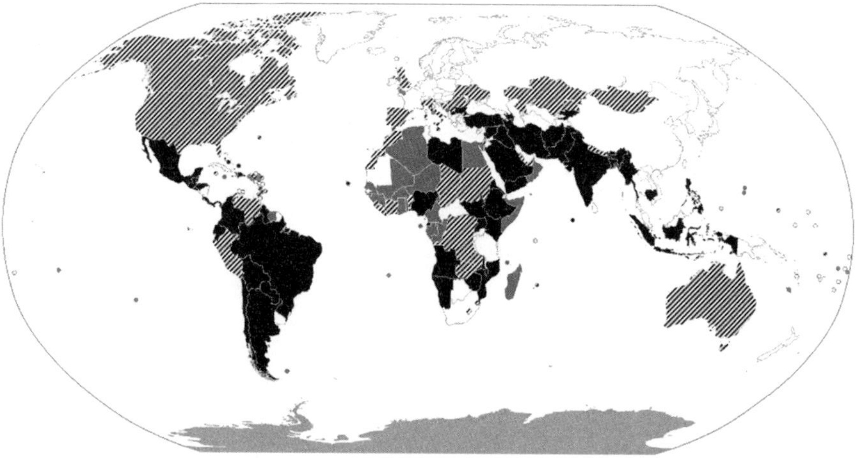

圖1　世界學校的停課、開學狀況（2020年10月）

出處：UNESCO, Covid-19, Response, 2020.

生物屍體藏有數千種的未知病毒，也增加了瘟疫大流行的危險性。根據報導，二〇二〇年前半，西伯利亞的北極圈平均氣溫比往年高了攝氏五度，光是七月的平均氣溫就已經比平常高了攝氏十度。二〇二〇年六月二十日，北極圈的最高氣溫達到攝氏三十八度，是觀測史上前所未見的紀錄。

新冠肺炎對於教育的

衝擊相當大。二〇二〇年四月七日，聯合國報告指出，全世界一八〇個國家及地區中，有十八億的孩子陷入無法上學的狀態。同月十五日聯合國教科文組織（UNESCO）也表示，世界有九十一％以上的兒童面臨停課。即使到了該年七月，仍有一〇七個國家，約全世界六十八％的孩子沒辦法上學。這麼多的兒童學習權利遭到剝奪，這在歷史上是第一次發生。

圖一顯示二〇二〇年十月全世界的學校停課與開學的狀況。黑色部分為持續停課的地區，斜線區域則是部分學校有開學的地區，白色為學校仍有開學的地區（日本也在其中）。

學習的權利是兒童人權的核心，希望的核心，況且學習權本來就是所有人權的基礎。當學習權被剝奪，其他所有的權利也會難以維繫。新冠肺炎就這麼剝奪了學習的權利，令開發中國家的孩子以及已開發國家貧困層的孩子受到嚴重的打擊。非洲、中近東、南亞、中南美的許多國家，在二〇二一年一月的現在（日文版即將出版時），學校大門仍舊深鎖，還看不到復課的希望。雖然學校有進行線上課程，但這些地區的網路環境不良，有條件上課的孩子只有三成以下。感染人數最多的美國，雖有部分的學校已經復課，但基本上為線上授課。而有四分之一的孩子缺乏網路環境，仍持續處在學習權被剝奪的狀態。新冠疫情擴大了全世界的貧富差距，與此同時，教育的差異也正在擴大中。

新冠疫情所導致的經濟崩壞更為嚴重。二〇〇八年雷曼兄弟破產造成金融機構無法維持正常運作，進而影響到實體經濟，掀起危機。但新冠疫情引發的經濟危機與雷曼兄弟事件的危機並不相同。新冠疫情確實導致紐約與東京股市的股價一時暴跌三十％，但數個月後就恢復，且整體恢復到疫情前的高價。這種異常的現象，顯示出現代資本主義已經變形為稱作「投資資本主義」的「虛無資本主義」，股市與實體經濟出現了差異的異常狀況。

新冠肺炎也改變了社會。因為疫情，世界與各國的社會遭到分裂，分作二塊：富裕層與貧困層、「國家、資本中心」的社會與「生命、人權中心」的社會。其象徵性的事件如川普總統與其支持者，與打著「黑人的命也是命」（Black

Lives Matter）口號而起的人權運動的黑人與其支持者之間的對立。這樣的分裂與對立在每個國家都愈來愈明顯，成為無法填補的鴻溝吧！

IT企業進軍教育

新冠疫情所引發的明顯現象之一，就是IT企業進軍教育。其具象徵性的現象就是Zoom爆發式地普及。Zoom本來是為了管理倉庫所開發的視訊會議軟體系統，但從疫情發生前的二〇一九年年底起到疫情爆發後的二〇二〇年五月為止的半年間，據說Zoom在全世界所達成的合約數增加了五百倍。

日本在突然宣布停課的二〇二〇年三月以後，經濟產業省在因應學校停課措施中所設立的網站「學習不停止的未來教室」，有超過一百家的IT企業提供了「免費服務」的教育課程。為什麼這些IT企業願意免費提供服務呢？原因在於，疫情導致學校停課，對IT企業而言是極大的商業機會，在此期間能獲得多少客戶，將決定企業將來是否能夠成功，而因免費服務可得到的個資大數據，與各企業的未來營收有直接的關係。

文部科學省也在疫情之下積極推動ＩＣＴ教育的普及，在二〇一八年後協力推動由經濟產業省主導的「『未來教室』與EdTech研究會」；二〇一九年更打出了「一人一機」的「GIGA School構想」。所謂「GIGA School構想」，就是為中小學生每人準備一台電腦的構想。文部科學省為此在二〇二〇年一月的修正預算中編列了二三一八億日圓的經費。其後，原本預計二〇二三年度完成的「GIGA School構想」，因疫情提前至二〇二〇年度完成，每位學生編列四．五萬日圓，每間學校最多給予三千萬日圓的預算以整頓無線網路環境等。

然而，這項政策卻偏離了學校的現實。在三個月的停課期間，文部科學省鼓勵各級學校進行ＩＣＴ教育作為學習支援，但於此期間真正運用ＩＣＴ的中小學校只有五％。因為各個家庭的電腦設備與無線網路環境的條件差異過大，對於大部分的學校而言，使用ＩＣＴ實施遠距教學是不可能的。

讓我們回到本質思考，使用ＩＣＴ的「未來教室」能否稱為「二十一世紀型態的教室」？ＩＣＴ教育能夠在平等公正的原理下，實現每個孩子的學習權，並且創造高品質的學習嗎？再者，如果希望ＩＣＴ教育能有效發揮作用，我們應該追求什麼樣的教育呢？

教育思索

- 使用ＩＣＴ的「未來教室」能否稱為「二十一世紀型態的教室」？
- ＩＣＴ教育能夠在平等公正的原理下，實現每個孩子的學習權，並且創造高品質的學習嗎？
- 如果希望ＩＣＴ教育能有效發揮作用，我們應該追求什麼樣的教育呢？

後新冠時代的
學習再革命

3

全球教育市場的巨大化

整體教育市場也在擴大中。

教育調查機構 Holon IQ 的報告指出，

二〇一九年教育市場以年平均成長率四．五％持續成長，

預測在二〇二五年時

會到達近一千兆日圓（全世界GDP的六％），

其中中等教育市場會成長七倍，

高等教育的市場成長五倍，

光是這兩個市場在二〇三〇年將超過一千兆日圓。

持續擴大的教育市場

全球化帶給教育最顯著的變化，就是以ＩＴ企業與教育企業為基礎的全球化教育市場的擴大。負債國家在新自由主義的政策之下推動公共教育的民營化，教育因此變成了「大生意」。這樣的變化由於下列三個原因產生，又因工業四・〇加速進展。

第一，**ＩＴ企業與教育企業的市場急速擴增**。二〇一一年時，全球教育市場規模擴張到四百兆日圓。而二〇二〇年，又增長至六百兆日圓。六百兆日圓的市場規模，是全世界汽車市場的三倍，每年約擴大十四％的加速度式擴大，已經凌駕其他產業領域。

第二，**教育市場擴大的背後，存在著舉世進行的公共教育私立學校化（公共教育委託民間機構辦理）**。因全球化之故，世界許多國家都轉為負債國，而且民族國家時代告終，資本主義也已從國家壟斷資本主義移轉至全球資本主義，結果就是多數國家的公共教育面臨存亡危機。對於負債國家來說，公共教育是很大的財政負擔，於是IT企業與教育企業脫穎而出。公共教育對於企業而言是巨大的市場，所以許多國家都已開始進行公共教育民營化（或委託民間辦理）。

第三，**個人投資型教育市場的擴增**，例如：升學補習班、英文補習班、編程教育補習班、體育課程或才藝班、成人英語會話課、電腦課等，因為知識社會與生涯學習社會的發展，也擴大了校外的學習機會。依新自由主義的意識形態與政策，教育從公共事項轉為私人投資，學校外的教育市場因此擴大。

教育的「大生意」

教育的「大生意」從下列面向可以看出。

第一，**公立學校民營化與委託教育企業經營**。本來教育就不是能夠賺錢的事業，因為公共教育的經費中有八成是人事費用。然而，ＩＴ技術使得教育變成高利潤的事業。將公立學校民營化的教育企業抑或被委託經營公立學校的教育企業，會解雇多數教師並置換為電腦操作，以節省人事費用，提高利潤。這樣的轉換因工業四．〇帶來的大數據累積與使用ＡＩ來控制的教育項目而變得可行。

誠如前述，美國所有中小學生與高中生，自小學入學後的成績測驗結果，還有在學習過程中哪個單元的什麼部分不懂、如何理解上課內容，以及在學習上運用了什麼工具或資源等情報，都是大數據所收集的內容。比起老師、家長甚至學習者本人，現在的電腦擁有並累積了每個學習者的詳細資訊。經濟產業省藉由「未來教室」設定的理想化目標——「個別最適化」（於第五章詳述），是目前的學校與教師所無法實現的，但若使用ＡＩ與大數據的ＩＣＴ教育就做得到。ＩＴ企業與教育企業以此理論齊心合作，正於世界各國推動著公共教育民營化與委託企業經營。

第二，**教育的「大生意」已經形成全球網絡**。倫敦大學的鮑爾（Steven Ball）教授進行了關於「教育的全球網絡」的研究，調查一個就讀於倫敦某所小學並以電腦上課，名為莎拉的女孩，在她所接受的教育課程背後，有多少企業與團體形成全球網絡的組織，將之以圖表呈現（圖二）。我們可從圖表得知，有多少企業、團體、國際機構形成了如此巨大的網絡並從中獲得利潤。這樣的全球網絡，是由Google、Amazon、Apple、Microsoft等IT企業，Pearson（培生）、McGraw-Hill Education Inc.（麥格羅希爾教育出版公司）、AcadeMedia等教育企業，以及Bill & Melinda Gates Foundation（B&MGF，比爾及梅琳達・蓋茲基金會）等公益財團，再加上世界銀行、聯合國教科文組織、聯合國等國際機構，所共同形成的巨大網絡。

第三，**教育的「大生意」是打著「博愛主義」（philanthropy）的旗號擴大並開展事業**。例如「給貧困地區（國家）的孩子豐富的學習」、「支持所有孩子都能上學去」、「實現不放棄任何一人的教育」、「拯救貧困孩童脫離低成就的泥沼」

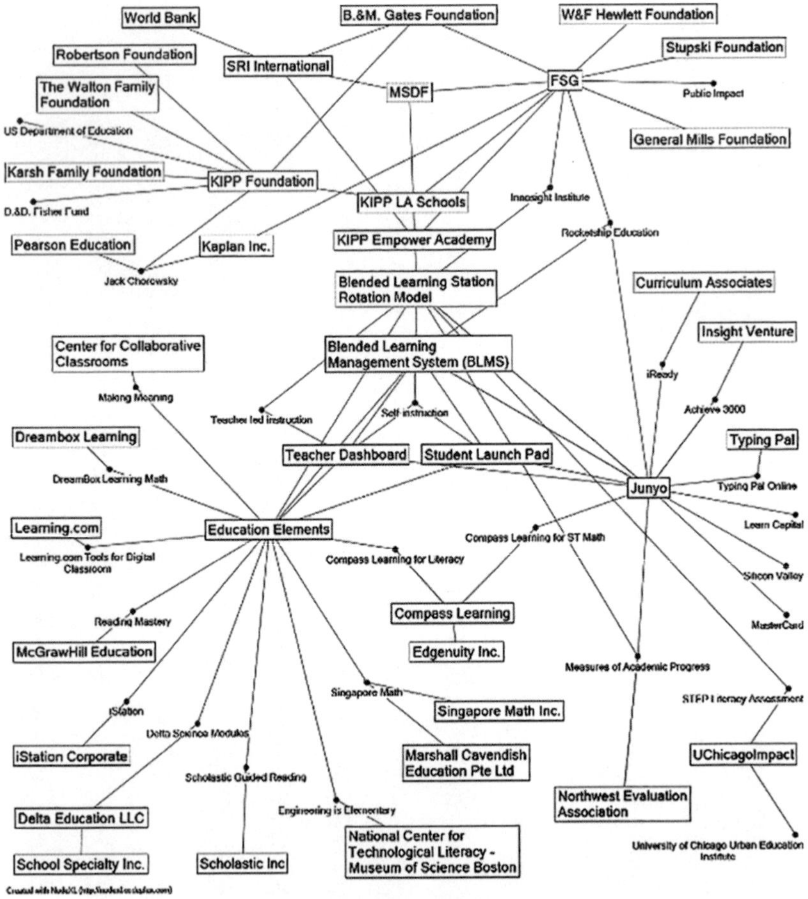

圖2　在一位學童背後的教育全球網絡

出處：Ball, Stephen, Global Education and Neo-liberalism, or what makes Sarah happy, 2019

等，每一個教育的利潤市場都氾濫著博愛主義的言詞。

教育大生意的國際動向

第四，教育的「大生意」根據不同地區與國家呈現多種樣貌。先進國家的教育「大生意」，不單只是攻占大學市場、升學市場與就業市場，還包括了公共教育委託民營（瑞典有兩成以上的公立學校委託 AcadeMedia、John Bauer等企業）、美國特許學校（charter school，以公費營運的私立學校）Edison Group、由比爾・蓋茲支援的 KIPP（Knowledge Is Power Program，知識就是力量計畫）、ＩＣＴ教育、學力測驗、教師評鑑、學校評鑑、教師研習、生涯學習等，都是教育企業能夠得到利潤的「大生意」。連同ＯＥＣＤ（經濟合作暨發展組織）的ＰＩＳＡ（國際學生能力評量計畫）也從二〇一五年開始委託私人企業 Pearson 辦理。

另一方面，開發中國家的教育企業則是進入ＩＣＴ教育、數位教材、課程開發、教師研習、學力測驗、數位學習（e-learning）以及打造「低學費私立學校」（公共教育民營化）為「大生意」的重心。尤其是開發中國家的貧困地區與低學力成績地區，都以打造「學費便宜的私立學校」為目標，像是印度有三成的公立學校（都市有五成以上）已經轉為教育企業經營的「低學費私立學校」（Low Fee Private School: LFP school，一年學費約五萬日圓），或者以政府預算委託教育企業經營學校業務。

教育「大生意」的實際情況，可從世界最大的教育企業Pearson的事業內容一窺究竟。Pearson本來是英國出版社，因為教育測驗ＩＴ化而迅速擴大事業版圖，從學力測驗、教師評鑑測驗、專業資格的線上課程、線上高等教育服務、生涯學習的教育支援、線上教師研習、虛擬學校（virtual school，線上通訊學校）等，發展為多方面的綜合教育企業，並在全世界一百個以上的國家發展營利事業。Pearson的企業理念是「提供所有人公正且平等的教育機會」，在這樣具有「博愛主義」的標語下貫徹其所有賺錢事業，將版圖擴張至開發中國家與已開發國家的貧困地區，獲得龐大的利益。在Pearson的世界戰略上，其最大的特徵就是與世界銀行、聯合國教科文組織等國際組織以及各國的教育部攜手合作。

B&MGF基金會也是在世界各國的教育領域開展「大生意」的組織。B&MGF本來是倡議消滅疾病與貧困的慈善團體，其後在美國國內擴張教育事業，開發MOOC（Massive Open Online Course，大規模開放線上課程）使大規模遠距授課得以實現，也活用大數據，大規模投資於IT個別指導課程的開發，這些教育開發不只針對已開發國家，還主張拯救開發中國家的教育危機。

教育「大生意」市場逐年擴大，圖三呈現了物聯網的教育市場整體與區域別的成長，並預測在二〇一八年到二〇二三年這五年間將增長至二・三倍。我們可看到，以北美、歐洲、亞洲地區為中心，這市場幾乎是同等地擴增。如之前所示，教育市場這樣急遽膨脹的狀況又因新冠疫情而加快了速度。

圖四顯示了MOOC的整體教育市場與區域別的成長。二〇〇八年時，MOOC在美國的大學標榜一堂課可讓數萬甚至數十萬人參加，時至今日，史丹

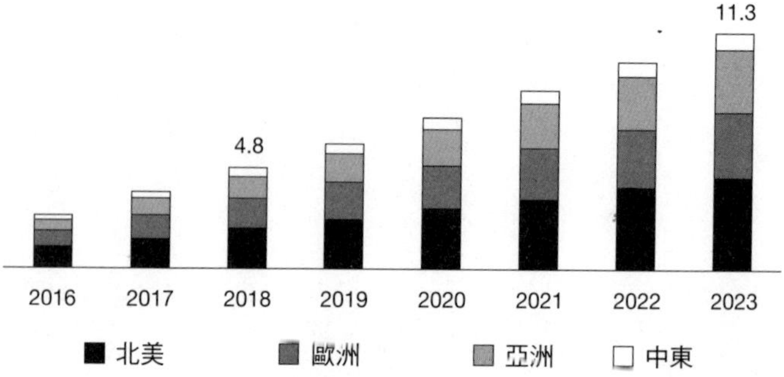

圖3　物聯網整體教育市場與區域別的成長

出處：Markets and Markets, http://www.marketsandmarkets.com.

佛大學、哈佛大學、牛津大學、東京大學等世界頂尖學校則以中南美或非洲等開發中國家的學生為目標來推廣課程。該圖也預測MOOC的市場從二〇一八年到二〇二三年的五年間會擴大五倍以上，但因新冠肺炎大流行之故，其進展將會加速，超乎原本預測。此教育市場的擴張也與網路市場相同，以北美、歐洲、亞洲地區為中心擴張。

圖五顯示ICT教育市場各部門的成長。ICT教育市場整體年平均成長率為二十三・五％。對IT企業

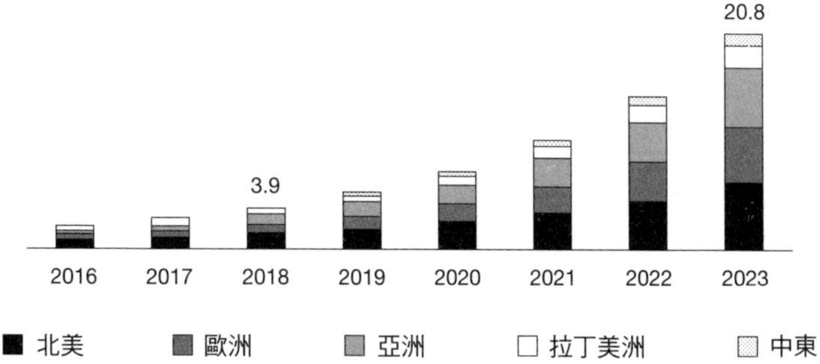

圖4　MOOC 整體教育市場與區域別的成長

出處：Markets and Markets, http://www.marketsandmarkets.com.

而言，教育市場是最獲利的市場之一。分別觀察各部門，可以發現「教育內容」與「硬體」的市場並無顯著成長，但「IT服務」與「軟體」市場卻呈現了飛躍性成長。IT企業攻占教育市場，是同時著重於「IT服務」與「軟體」的開發。

整體教育市場也在擴大中。教育調查機構Holon IQ的報告指出，二〇一九年教育市場以年平均成長率四・五%持續成長，預測在二〇二五年會到達近一千兆日圓（全世界GDP的六%），其中中等教育市場

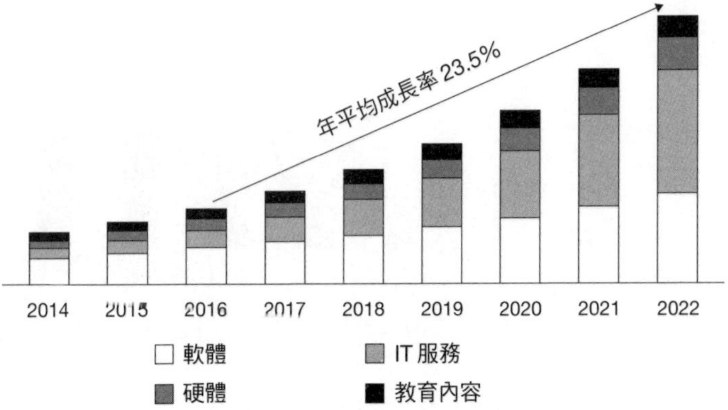

圖5　ICT 教育市場各部門成長

出處：Markets and Markets, http://www.marketsandmarkets.com.

會成長七倍，高等教育的市場成長五倍，光是這兩個市場在二〇三〇年將超過一千兆日圓（圖六）。從國家別可以看到，市場規模較大者為美國與中國。美國對於教育科技（EdTech）企業的投資在二〇一四年為十億美元，在二〇一八年達到了十六億美元。而令人驚訝的，則是中國。中國對於教育科技企業的投資在二〇一四年是六億美元，但在二〇一八年時急速上升到五十二億美元。

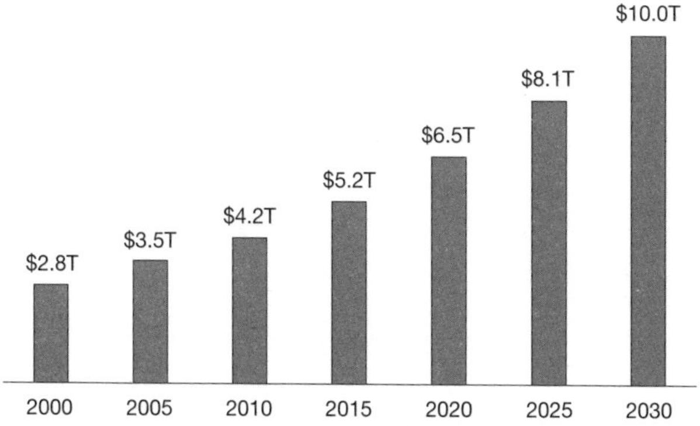

圖6　教育市場整體動向

出處：Holon IQ, Global Education in 10 Charts, 2019, https://holoniq.com.
注：T表示trillion（1兆）

圖七顯示二〇一六年世界各地區數位學習的市場規模與三年間的成長率。從地區來看，北美、亞洲、歐洲的教育市場規模非常大，而以教育市場成長率來看，則會發現亞洲、俄羅斯、東歐、非洲與拉丁美洲的年成長率從十%急速成長近乎二十%。

另一方面，日本的孩子每人的市場規模比起外國相對小，其特徵在於少子化現象影響劇烈，因此市場成長率明顯低迷。根據三井物產研究所比較不同國家

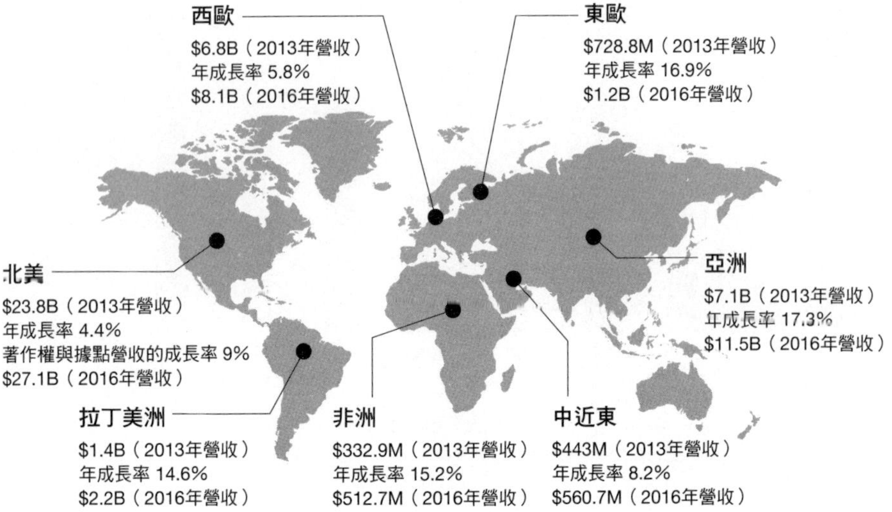

圖7　世界各地區數位學習市場的成長（2013年—2016年）

出處：Docebo, Global E-Learning Market infographic, https://www.docebo.com.

教育市場的報告（二〇一三年），我們可以看到，雖說是比較久遠的二〇一一年統計數據，但報告指出日本孩子每人的市場規模較小，從二〇〇〇年到二〇一一年之間，教育市場的成長率僅僅二%，與其他國家比較，只有十分之一的程度。

圖八為教育的個人消費動向。從二〇〇〇

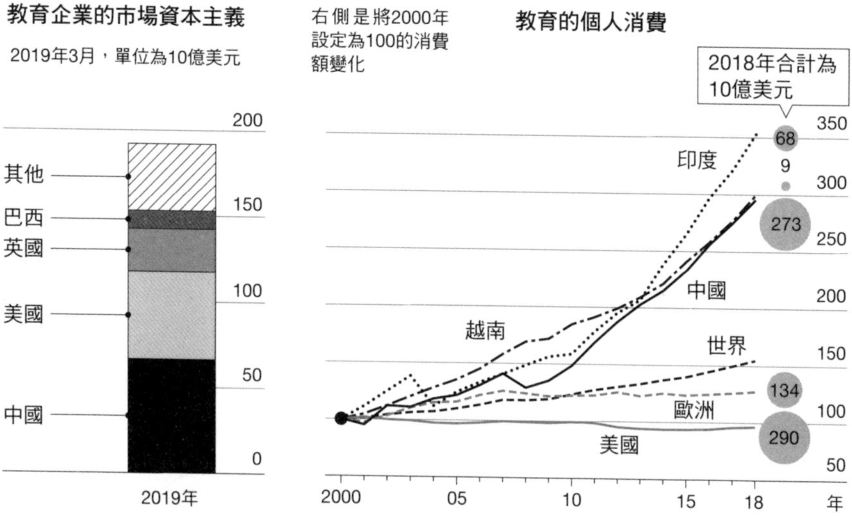

圖8　教育的個人消費動向

出處：Holon IQ, Global Education in 10 Charts, 2019, https://holoniq.com.

年到二〇一八年之間，關於教育的個人消費額，印度增加三．五倍，中國增加三倍，但北美、歐洲或日本則沒有增加那麼多。除了日本外，亞洲、拉丁美洲、非洲諸國教育的個人消費皆急速增加。

而家長對於孩子的私人教育（補習班等）花費，匯豐銀行進行了相關的調查報告（二〇一七年）。其結果顯示，第一名為香港，一年約花費一五〇萬日圓，第二名為阿拉伯聯合大公國約一一〇萬日圓，第三名為新加坡約八十萬日圓，第四名為美國約六十五萬日圓，第五名為台灣約六十五萬日圓，第六名為中國約五十萬日圓，接著依序為澳洲、馬來西亞、英國、墨西哥、加拿大、印度、印尼、埃及以及法國。

日本的教育費用在高等教育部分已經達到世界第一高的程度，但相較於其他各國，對於初等、中等教育階段的私人教育（補習班之類）支出並不算高。在韓國、香港、中國，每月花費三十到五十萬日圓給孩子上補習班的家長人數相當多，但在日本花費如此高額的家長則屬稀少。

根據Holon IQ的報告，中國在二〇一四年到二〇一八年對教育科技企業的投資金額為美國、歐洲加上印度投資總額的一．五倍以上。而日本投資在教育科技企業上的金額比美國、歐洲、印度都要少，更遑論與中國相較了。日本對於公共教育支出的GDP比率也年年減少，在二〇二〇年統計為世界第一一三名。也就是說，事實上日本教育市場在每個孩子的私人消費也好，或公共支出也罷，都處於停滯的狀態。

日本教育市場成長停滯且成長率為國際低水準，出於下列幾個主要因素。一個是日本家庭本來要負擔部分公共教育費用，而隨著近年政府削減公共教育費，家長對於教育費的支出已達極限，家庭因經濟停滯也減少教育費（公教育費＋私教育費）的支出。因此對於教育企業而言，日本並不算能夠賺錢的市場。另一個重要原因，在於二〇〇五年義務教育費國庫負擔法的修正案後，文部科學省開始採取措施以對抗新自由主義的教育民營化，因此得以防禦教育企業入侵公共教育。結果，教育企業滲入公共教育僅限全國學力測驗等一小部分。文部科學省成功防止了教育企業對公共教育的入侵。

然而，日本對於「大生意」進入公共教育的防護牆，現在卻即將一舉崩塌。

教育思索

- 公共教育VS教育企業之間的界線是否愈漸消融？
- 在IT企業助長之下，教育企業將更加蓬勃發展？

後新冠時代的
學習再革命

4

「人才＝人力資本」的概念變化

從前「人的能力」所指的「人才」，是優秀的孩子，因此強調要進行高度知識與技能的教育，以培育菁英的優秀工作能力。

然而現在，在「人力資本＝商品」的概念下，在教育市場中成為買賣對象的是所有孩子，進一步來說，在此概念下投資報酬率利潤較高的，就是開發中國家的孩子、貧窮家庭的孩子、低學力成績的孩子以及身懷障礙的孩子。

關於「人才」一詞

「人才」一詞是從何時起被氾濫使用為教育用語的呢？這應該是從內閣府設置「全球人才育成會議」（二〇一一年）開始的吧，同年文部科學省也發表了「產官學全球人才育成發展戰略」。「人才」一詞其後因安倍首相所主導「人生一〇〇年時代構想會議」的「育人革命基本構想」（二〇一八年）而普及。這些文件資料裡所提到的「人才」，英文稱為human capital（人力資本）。

原本「人才」一詞在日本首次登場是一九三〇年代的大政翼贊運動，但當時並非教育用語，直到一九七一年在中央教育審議會報告提出「人的能力」（manpower），才作為教育用語。「人的能力開發政策」（manpower policy）在一九五〇年代後美蘇兩國的冷戰時期，則意味著「菁英」（human elite）教育。當時作為「人的能力」的「人才」，與現在作為「人力資本」的「人才」，在意思上明顯不同。其相異之處在哪裡呢？

我們先概觀討論「人才＝人力資本」中「資本」的意義。資本在近代經濟學（古典派經濟學）中與土地、勞動力並列為生產要素之一，在馬克思主義經濟學中被定義為「會自我增值的滾動體」，兩者皆可定義為「透過生產創造價值的源頭」。這個資本概念與現今「人才＝人力資本」的意思並不相同。現在的「人才＝人力資本」，是以新自由主義的經濟學（新古典派經濟學）的人力資本論為根基，其代表的理論家為芝加哥大學的蓋瑞・貝克（Gary Becker, 1930-2014）。

不同於從前的經濟學只以金錢或經濟現象作為對象，貝克將人類行為以及社會現象納入經濟學的範疇，主張舉凡家人、社會、嗑藥、犯罪、戀愛、自殺等全部行為或現象都可以用「成本效益分析」（cost benefit analysis）說明。例如犯罪行為，如果該犯罪的預期收益大於犯罪成本與被逮捕的風險的相乘數，犯人便會選擇進行犯罪行為，若收益較少則不會犯罪。貝克用同樣的理論解釋外遇經濟學，如果外遇的預期收益大於外遇的成本及風險的相乘數，人就會選擇外遇。正當貝克研究此理論時，他的妻子因發現他外遇而自殺，因此其理論也被稱為自殺經濟學。貝克以市場經濟的原理，提倡人類的所有行為都可以運用成本效益分析，進行科學的合理說明。

貝克作為「人力資本論」的提倡者，與同樣是芝加哥大學的新古典派經濟學的米爾頓・傅利曼（Milton Friedman, 1912-2006）皆為新自由主義教育改革的影響人物。貝克將「人力資本」定義為「影響未來金錢與精神兩者所得的所有活動」，並將「教育投資」設定為「成本效益分析」的對象。貝克認為，「教育投資」能夠形成將來的「一般職業能力」與「特殊職業能力」，對個人與企業帶來「效益」。但關於透過教育獲得的成就感與幸福，貝克則將之歸類至「作為消費財的教育」範疇，屏除在教育對象之外。

關於貝克的「人力資本論」，從前日本經濟學家宇澤弘文（1928-2014）稱之為「買賣人類的市場論」，強烈批判為「反社會、非人類的研究」。貝克的「人力資本」將人們的教育當成「投資」與「效益」的經濟學對象，用數學模式進行科學化的解釋，但其實貝克本身並不是直接將人類以「商品」論之。然而，貝克是處於把人類當作如同工廠或機械提升生產的「資本」並且作為「投資」對象的前提上，引導「人力資本」的思維。

另外，「人力資本」一詞也非貝克所創造，而是亞當・斯密（Adam Smith, 1723-1790）最初所使用的概念，當時斯密所指的「人力資本」，是人類透過教育獲得的技能與能力。馬克思也曾指出，勞動者只能將其勞動力作為「商品」販賣，是勞動的矛盾。貝克的理論則開啟了另一條思路，他將人類本身作為「人力資本」，於市場中以「資本」、「商品」的身分發揮作用。在此意義下，我認為宇澤弘文將貝克的「人力資本」理論批判為「買賣人類的市場論」確實妥切。

「人才」在概念上的變化

從前作為「人的能力」（manpower）的「人才」，與現在作為「人力資本」（human capital）的「人才」，相異之處非常明確。作為「人的能力」的「人才」，是指透過教育擁有高度知識與技術的人為「資本」，並要求藉由「人力開發政策」培育高度能力。相對的，現在「人力資本」的「人才」本身就是「資本」，在企業與市場都作為「人才＝資本」來產生利益。日本已經將這樣「人力資本」的概念政策化，而經濟產業省的「持續提高企業價值與人力資本相關研究會報告書」（二〇二〇年九月）也確實依著「人才的『才』就是『財』」的認知來論述「人力資本」。

貝克的「人力資本論」以兩個面向形成世界教育改革的核心概念，一個面向是「教育＝投資」，是成本效益分析的對象；另一面向則是「人＝資本＝商品」，以「人力資本」的思維推行教育改革。

和傅利曼、貝克同為芝加哥學派的詹姆士・赫克曼（James Heckman, 1944-）則以「教育＝投資」的成本效益分析，在近年為世界教育改革帶來很大的影響。他的著作《幼兒教育經濟學》（*Giving Kids a Fair Chance*，日譯版於二〇一五年出版，尚無繁中版）暢銷世界各國。在該書中，赫克曼計算「人力資本的投資報酬率」，提出對於幼兒教育的投資報酬率最高，以及幼兒教育中「非認知能力」比「認知能力」的報酬率更高。

根據赫克曼所提出各年齡階段的「人力資本投資報酬率」圖表顯示，胎兒時期與〇歲到五歲的投報率最高，隨著年齡增加，投資報酬率逐漸下降。學校畢業之後的「人力資本投資報酬率」降得更低（胎兒時期的「人力資本投資」意為母體對於健康與營養的支出）。

赫克曼的研究成了世界各國幼兒教育義務化與無償化的推動力，日本的幼兒教育無償化政策也是以此理論為根據。並且，日本的保育（托兒所）與幼兒教育本來就因民營化形成了巨大市場，托兒企業、幼兒教育企業的許多事業體更以赫克曼的理論為基礎而開展。

在針對大眾推廣幼兒教育的重要性與培育「非認知能力」的意義上，赫克曼的研究貢獻極大，但他的研究也包含了幾點需要檢視的事項。

一是日譯版《幼兒教育經濟學》書名的問題。原著英文名為「Giving Kids a

Fair Chance: A Strategy that Works」（2013），直譯應為「給予孩子公平的機會：一個有效的策略」，可見本書並非以討論「教育經濟學」為主。不過，赫克曼在書中以「人力資本的投資報酬率」論述幼兒教育的價值，因此使得人們的注意力被引導至投資的效果。

另一是書中實證數據的可靠性。赫克曼的「人力資本投資報酬率」所依循的數據，是一九六二年到一九六七年在密西根州的伊普西蘭蒂市（Ypsilanti）所進行的佩里學前教育研究計畫（Perry Preschool Project）實驗結果。此計畫所納入的三歲到四歲幼兒有一二三人，皆是IQ七〇～八五且為非裔美國人的貧窮孩童，計畫結束後並針對這些對象兒童進行了四十年的追蹤調查。赫克曼就是以這個實驗數據為基礎，計算「人力資本的投資報酬率」，提出投資幼兒教育一美元將獲得七．一六美元的回報（return，收入＝個人所得）的結論。

在這裡我想指出的是，一九六二年到一九六七年此時期對於非裔美國人幼兒教育的投資效果，不能等同於現今對於幼兒教育的投資效果。促進非裔美國人獲得與白人同等對待的公民權法案制定於一九六四年，而依據詹森（Lyndon Johnson）總統「對抗貧窮」政策所進行的低收入家庭學前學童啟蒙計畫（Head Start）則在一九六五年啟動。一九六六年，進行教育機會均等調查的「柯爾曼報告書」（Coleman Report）就已指出兒童學力差異的主要原因，是就學前的家庭教育。對於美國該時期的貧困非裔幼兒所進行的教育計畫，其投資報酬率高是理所當然的結果。

另一個是投資效果的「回報」，指的是其後四十年的個人所得。教育效果有兩個層面，一是計算教育後個人報酬（所得）的「內部盈利（內部效果）」，另一是個人「內部盈利」外顯的效果，稱為「外部盈利（外部效果）」，例如因為接受教育而減少犯罪行為，社會教育水準上升，民主主義得以維持發展等效果。教育的「外部效果」絕對不小，但多元且複雜，難以數值化，因此在教育投資效果的成本效益分析往往遭到忽略。赫克曼的研究雖有指出教育的投資對於家庭、學校、地區或公司的效果，但數值化的只有「內部盈利」。若將教育投資的效益設定為以社會（發展）為中心而非以個人（所得）為中心，教育投資效果或許將不會隨年齡下降，而是剛好相反的結果。

無論如何，赫克曼研究的重大影響之一，就是將孩子視為「資本＝財產」、將教育視為「投資」，以其投資效果（成本效益分析）來評價教育的實踐與政策，這個思維可說是已經普及於大眾。赫克曼的研究出版於二〇一三年，而日本翻譯出版於二〇一五年，僅僅不到十年之間，「人力資本」的概念已經廣泛滲透社會。

「人力資本論」的另一個思維影響，在於將孩子（人類）視為商品，讓其在市場產生作用。這點我先前已經指出跟過去「人的能力」的「人才」概念不同。從前「人的能力」（manpower）所指的「人才」，是優秀的孩子，因此強調要進行高度知識與技能的教育，以培育菁英的優秀工作能力。然而現在，在「人力資本＝商品」的概念下，在教育市場中成為買賣對象的是所有孩子，進一步來說，在此概念下投資報酬率利潤較高的，就是開發中國家的孩子、貧窮家庭的孩子、低學力成績的孩子以及身懷障礙的孩子。簡而言之，放眼ＩＴ企業與教育企業的全球網絡，作為目標對象的孩子就是如非洲、中南美洲、東南亞等發展中國家的孩子，而已開發國家的話，則是集中在貧窮地區的孩子以及低成就孩子的身上。

倫敦大學的鮑爾長期研究ＩＴ企業與教育企業的全球網絡，對教育的「大生意」標榜博愛主義一事提醒大眾注意。例如，向南亞地區或非洲南部許多無法上學的孩子呼籲「給予所有孩子學習的機會」；在已開發國家的貧困地區則提倡「跨越歧視與差異，保障學習」或「給所有孩子平等公正的教育」。只看標語字面含義，會認為教育的「大生意」就如同聯合國兒童基金會（ＵＮＩＣＥＦ）或聯合國教科文組織的非營利組織。而ＩＴ企業與教育企業就是透過這樣博愛主義的標語，滲入了開發中國家的教育改革與貧困地區的學校改革。而且，今日的ＩＴ企業與教育企業並非單獨開展事業，而是在相互合作下藉全球網絡推行企業活動。這樣的全球網絡不僅止於ＩＴ企業與教育企業，包括像 B&MGF

基金會之類的公益財團、各國的教育部等政府機關，甚至是世界銀行、聯合國兒童基金會或聯合國教科文組織等國際機構，也都參與其中[1]。在難民地區的醫療支援上，許多公益財團、政府機關、製藥公司也參加聯合國與聯合國兒童基金會等事業，形成全球網絡，但有許多案例都指出雖是國際救援事業，實際上卻是以製藥公司的企業利潤與政府的利益為優先考量。如今，同樣的狀況在教育的全球網絡中也已經發生[2]。

1 並非指聯合國兒童基金會等非營利組織也進行「大生意」，而是例如進行支援活動時委託民間企業辦理等狀況。

2 作者並非批判人道支援的種種事業，而是希望傳達許多兒童被各企業利用為「資本」，在進行所謂的援助時，給予的不一定是兒童真正需要的教育、醫療、疫苗，而是根據各企業的利益所進行的計畫。

教育思索

- 「人的能力」的「人才」VS「人力資本」的「人才」？
- 教育的「大生意」所標榜的「博愛主義」之口號是為引起關注？

後新冠時代的
學習再革命

5

ＩＣＴ教育的現在與未來

能夠因應工業四・〇的「二十一世紀型學習」
並不是「個別最適化」學習。
外國的ＩＴ企業與教育企業約在十五年前也曾推動
一人一機學習的「個別最適化」ＩＣＴ教育。
如此一來，一間教室就能從以前的五十人增加為八十人，
並以電腦取代教師，節省人事費用以提高企業利潤。
但是，結果證明這樣的方式教育效果不佳，
所以近年許多ＩＣＴ教育課程混合實施
「小組協同學習」與「個別最適化」學習。

經濟產業省所主導的ＩＣＴ教育

在日本，經濟產業省主要擔任推動工業四・〇與ＩＣＴ教育的角色。從前經濟產業省與教育幾乎毫無關聯，但在二〇一六年為了因應工業四・〇（社會五・〇），經濟產業省設置了「教育企業室」，並在二〇一八年開設「『未來教室』與 EdTech 研究會」，以此為推動主軸。其後文部科學省、經濟產業省、總務省三省廳聯手下，實現「GIGA School 構想」（二〇一九年）。因此，與其說是文部科學省在日本主導ＩＣＴ教育，事實上應為經濟產業省。

經濟產業省內所組織的「『未來教室』與 EdTech 研究會」在二〇一八年六月時提出「第一次建言」，同年十一月提出「從『未來教室』計畫看見 EdTech 與ＳＴＥＡＭ教育的課題」，二〇一九年六月提出「第二次建言」，二〇二〇年九月發表「經濟產業省『未來教室』計畫——教育革新政策的當前位置」。此外，二〇二〇年三月為了因應新冠肺炎所導致的停課狀態，推行「不停止學習的未來教室」，提供IT企業所創的教育支援服務。「『未來教室』與EdTech研究會」雖說是與文部科學省合作進行的業務，但主導計畫的其實是經濟產業省。關於ICT教育，文部科學省所倡議的只有二〇一八年七月「關於GIGA School構想」一案而已。

在具體檢討經濟產業省所提倡「未來教室」的ICT教育前，我們先來檢視其制度框架。圖九是經濟產業省推動「未來教育」的體制構造圖。從此圖可看出，經濟產業省的「未來教室」試圖將「學校教育」、「教育企業」、與「企業界、大學與研究機構」進行交叉整合的體制。此構造圖左邊的橢圓是文部科學省所管轄的領域，右邊橢圓的「教育企業」與下方的「企業界」是經濟產業省所管轄的領域。三個圖形交錯而成的中間圓形，是中央政府的「GIGA School構想」。「GIGA School構想」希望打破從前文部科學省（公共教育）、經濟產業省（教育企業）與企業界（IT企業）的高牆，透過「經濟產業省與文部科學省的協力合作」推動ICT教育成為「未來教室」。

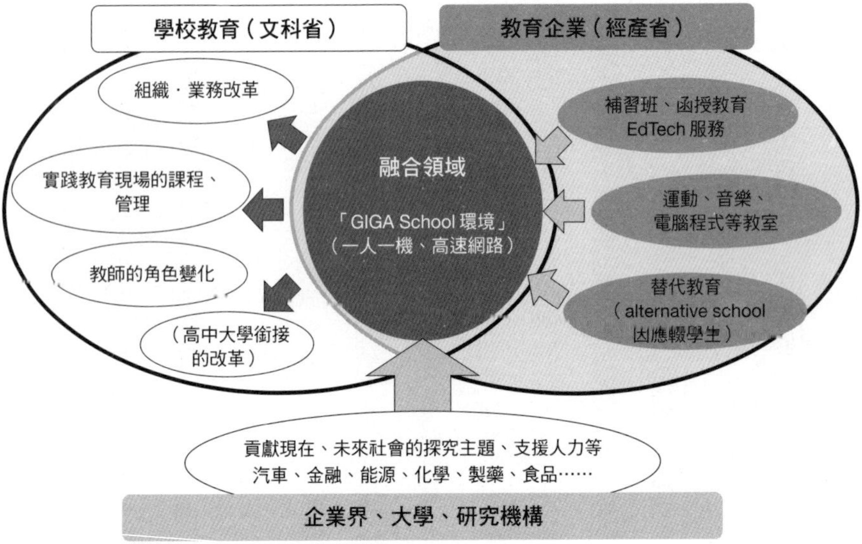

圖9　「未來教室」的推動體制

出處：以經濟產業省「未來教室」為基礎繪製。

「未來教室」

在一人一機的GIGA School構想之下已經一舉落實。在這裡，重要的是GIGA School構想與「未來教室」的意義，定位於以無邊界的方式整合公共教育、教育企業與IT企業。

三大基礎梁柱

「『未來教室』與EdTech研究會」的ICT教育有三大基礎梁柱，分別為「學習自主化．個別最適化」、「學習STEAM化」、與「創建新式學習基礎」。

「學習自主化．個別最適化」強調捨去傳統課堂中所有學生在同一時間學習同樣的內容，以「學習者為中心」的「自主學習」為主，依據每位學生的程度與學習速度挑選學習內容，進行「個別最適化」學習。

「個別化學習」並非新穎的概念，約莫五十年前，「個別化學習」曾是課堂改革的中心主題之一。代表性的方式有兩種：一是施金納（B. F. Skinner, 1904-1990）的編序教學（programmed instruction），另一是布魯姆（Benjamin Bloom, 1913-1999）的精熟學習（mastery learning）。

施金納的編序教學是教育工學的教學機（teaching machine）的出發點。編序教學的基礎原理是「操作制約」（operant conditioning）、「小階段循序漸進」（small step）、與「即時回饋」（immediate feedback）。所謂「操作制約」指的並不是進行被動式的刺激—反應學習，而是像按下答案鈕一般，透過特定的主動式活動，進行刺激—反應—增強的學習。「小階段循序漸進」的原理是細分並直線化學習階段。「即時回饋」則是當學生一按下答案鈕後，就立即告知答案正確與否。施金納就是透過這樣的原理，使用教學機實現「個別化學習」（現在ＩＣＴ教育的許多課程與施金納的編序教學相當類似）。

布魯姆的「精熟學習」則是以「教學目標分類表」（Taxonomy）與「形成性評量」（formative evaluation）進行「個別化學習」，以此方式追求九〇％以上的學生都能達到「精熟學習」。布魯姆將小學到高中各學科的內容全部細分，並以行動目標分類，根據細分的目標達成度評價每位學生的學習過程（形成性評量），進行「個別化學習」以追求實現全員的「精熟學習」。

「未來教室」所追求的「個別最適化」，與「編序教學」及「精熟學習」的「個別化學習」看起來差異不大。只是「個別最適化」與從前的「個別化學習」

不同之處，在於前者是在AI、物聯網與大數據控制之下的學習。

目前Google除了掌握美國所有學習者從小學一年級到高中三年級的全部學力測驗結果，還包括每個人學習歷程的大數據，如學習數學時哪裡不懂，如何思考理解每個問題，社會科中查閱了哪些資料進行思考等。根據其數據加上AI技術，理論上就可能為每個人提供最適合的教育課程。外國的ICT企業與教育企業就是利用這個優勢進軍學校教育。相較於上述技術先進的ICT教育，經濟產業省所推動的「未來教室」，在IT教育上看起來比較像二十年前的「過去教室」。

如此技術與思維不夠先進的狀況，在文部科學省所推動的ICT教育也清楚可見。一人一機的GIGA School構想，中國在十年前就已經實現，電子教科書的百分百普及也僅止於二十年前的ICT教育水準，除了為IT企業提供大量資金之外，在教育上可說是毫無意義。總務省試著在每位學生的個人號碼（my number[1]）之下輸入學年成績單的評價內容，以這樣程度的大數據（？）要實現

「個別最適化」學習，可說是天方夜譚。

「個別最適化」的思維本身也需要重新檢討。因為，能夠因應工業四．〇的「二十一世紀型學習」並不是「個別最適化」學習。外國的ＩＴ企業與教育企業約在十五年前也曾推動一人一機學習的「個別最適化」ＩＣＴ教育。如此一來，一間教室就能從以前的五十人增加為八十人，並以電腦取代教師，節省人事費用以提高企業利潤。但是，結果證明這樣的方式教育效果不佳，所以近年許多ＩＣＴ教育課程混合實施「小組協同學習」與「個別最適化」學習。為了保有企業利潤，「個別最適化」的教室仍舊進行，並將人數從八十人增加到一百人。另一方面，也準備了二十人規模的教室進行「小組協同學習」。與上述方式相比，「未來教室」的「學習自主化與個別最適化」，既不像海外一般具有大數據與ＡＩ控制，也未能跳脫出五十年前類似於「編序教學」及「精熟學習」的「個別化學習」的範疇，甚至完全未聚焦於小組協同學習，就這些點來說，都僅止步於十五年前的ＩＣＴ教育程度而已。

此外，我們也必須檢視「未來教室」的三大基礎梁柱之一——「學習STEAM化」。所謂「STEAM」，指的是進行科學（science）、技術（technology）、工程（engineering）、藝術（art）、數學（math）「文理融合」的學習。「STEAM」源於「STEM」，是二〇〇三年美國國家科學基金會（National Science Foundation, NSF）為培養當時供不應求的高科技人才所進行的教育，其後在「STEM」裡面再加入藝術（art）形成「STEAM」。「STEM」在美國發展成為科學技術的綜合學習，並在二〇一〇年代普及於加拿大、澳洲、馬來西亞、中國等國家。無論「STEM」或「STEAM」，都是以提高對科學技術融合（藝術）領域的興趣，培育「高科技人才」為目的的綜合學習，是與ICT教育毫無相關的教育課程。

---

1 my number 類似台灣的身分證字號。日本在二〇一六年導入 my number 系統，試圖整合所有戶籍人口的各方面資料。只是截至目前為止，該系統尚未廣泛為社會使用。

至於經濟產業省為何將「ＳＴＥＡＭ」設定為「未來教室」的三大梁柱之一？為何認為「ＳＴＥＡＭ」是ＩＣＴ教育的基礎？對於長期觀察海外許多學校，參訪了許多ＳＴＥＡＭ課堂的我實在很難理解。這是我的歪理推論，或許經濟產業省就是用「文理融合」推動「跨學科」「綜合學習」的概念，以提高ＩＴ企業與教育企業投資加入「未來教室」的興趣。因為藝術與科學技術的融合，以及跨學科綜合學習這樣「令人興奮的學習」的概念，正好與ＩＴ企業及教育企業的心態合拍。

「未來教室」的第三個梁柱「創建新式學習基礎」，提議整頓ＩＴ環境與運用ＩＴ技術合理化及效率化經營學校，就是為了實現「個別最適化」與「ＳＴＥＡＭ」兩者所打的地基。

以上就是經濟產業省「『未來教室』與EdTech研究會」的提案與計畫的概要。經濟產業省計畫第一步創造「學習自主化．個別最適化」、「學習ＳＴＥＡＭ化」的優秀課例（二〇一八－二二年度），第二步實現「一人一機」的GIGA

School構想（二〇二〇年度內），第三步則揭示「EdTech導入補助金」（二〇二〇年—二二年度）。「EdTech導入補助金」是經濟產業省與EdTech企業各出一半補助金，給予小中高共三萬六千校約十二%（四三〇四間學校）實驗導入EdTech計畫。

如此一連串的「未來教室」計畫能否成功仍屬未知。而推動工業四・〇的ICT教育，一定需要收集大數據。美國與中國能夠輕易收集包括社群媒體與個人電子信箱的所有私人資料，但日本對於個資保護非常嚴格，只要有一位家長反對，IT企業與教育企業要收集學生姓名、住址、電話都是不可能的事。與此同時，資金來源也成了問題。對於財政已經非常緊迫的都道府縣各地方教育局，光是要施行GIGA School就會面臨資金問題，真的有餘力推動「未來教室」嗎？

經濟產業省推動「未來教室」最主要的目的，其實是為了支援及振興國內的IT企業與教育企業。但是，「未來教室」計畫應該不可能限縮於國內框架，只獨厚日本企業。在此之前，日本的教育市場沒有被世界巨大的ＩＴ企業與教育企業入侵，一方面是因為日本的市場規模意外地不大，更重要的是，文部科學省為了保護公共教育，修法防禦了外國ＩＴ企業與教育企業的侵入。然而，經濟產業省的「未來教室」即將打破「學校教育」、「教育企業」與「企業界」的高牆，從前保護公共教育的牆壁也即將被破除。

我在此預測，「未來教室」將會為全球的ＩＴ企業與教育企業網絡開出一條康莊大道，以至於日本國內的ＩＴ企業與教育企業將隨即被取代。相較於Pearson等海外超大型企業，倍樂生（Benesse）雖是日本最大的教育企業，但其規模實在無法比擬。一旦開放，日本教育企業應該會馬上被全球網絡吸收吧！因為，不論是ＩＴ技術、ＡＩ技術或大數據的收集，日本企業沒有任何能夠打敗全球ＩＣＴ教育網絡的殺手鐧。而經濟產業省的「未來教室」如何面對這樣的困境？

ICT教育的效果為何

ICT教育披著迎向未來夢想與科技神話的彩虹羽衣，它的教育效果究竟如何？真能提高孩子的學習品質嗎？而「未來教室」真的會是電腦取代教師的「個別最適化」教室嗎？

關於電腦的教育效果實證研究，就現狀而言意外地非常稀少。其中最有公信力的實證研究，是PISA調查委員會活用OECD的PISA 2012大數據所進行之分析結果（二〇一五年）。圖十與圖十一是顯示調查結果的數據圖。實線的調查對象為OECD的二十個會員國（以電腦作答），虛線為二十九個會員國（以紙本作答）。圖十是閱讀理解的結果，圖十一是數學的結果。兩圖的橫軸（X軸）為在學校運用電腦的時間，縱軸（Y軸）為PISA學力調查的成績。

調查結果顯示，不管是閱讀理解或數學，在學校運用電腦的時間與學力測驗的結果皆呈現負相關。也就是，在學校活用電腦的時間愈多，學力成績愈

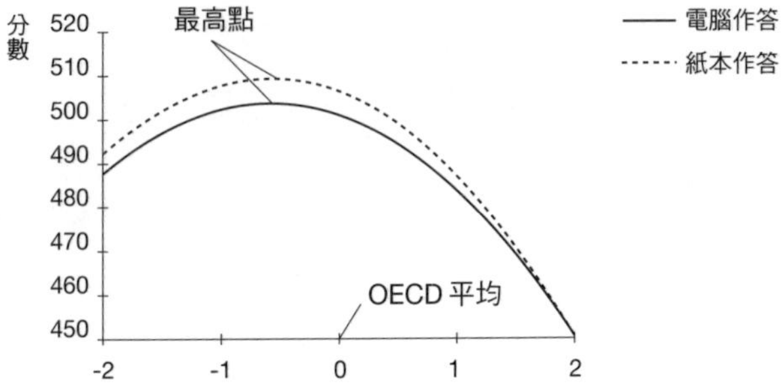

圖10　閱讀理解

出處：PISA, Students, Computers and Learning: Making the Connection, 2015.

低。這個結果明白揭示，使用ＩＣＴ教育的學習並未帶來眾所期待的正向效果。

問題在於為什麼呈現這樣的結果？關於這個疑問，ＰＩＳＡ調查委員會的解釋是，電腦對於資料或知識查找獲取等淺層理解是有效的，但若要進行深度思考或探究學習則並非有效的工具。這個解釋我認為非常適切。在希望獲得新的資訊或知識時，電腦網路以及搜尋引擎確實是有用的工具，在理解資訊及知識的意義上，電腦也是有效的。然

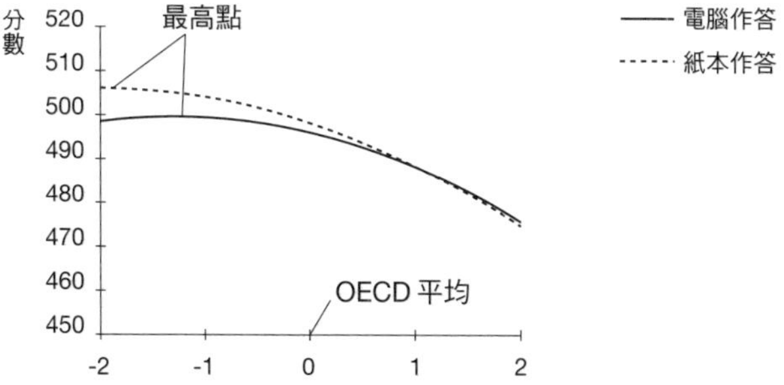

圖11　數學

出處：PISA, Students, Computers and Learning: Making the Connection, 2015.

而，如果要進一步運用新資訊與知識解決問題、進行批判性的思考或發展探究性思考，電腦就不一定是有效的工具了。要進行批判性與探究性思考的學習，最有效的方法是面對面進行小組協同學習。

關於這個調查結果，我還想提出另一個解釋：目前運用電腦的方式是錯誤的。現今普及於世的ICT教育課程，幾乎都是將電腦作為「教學工具」使用。然而，電腦不是作為「教學工具」而是當作「學習工具（思考與表現的工具）」時，才能發揮優秀的教育作用。因此，我們需要探求活用電腦的方法，使之成為「學習工具」或「探究與協同的工具」而非「教學工具」。

在電腦導入至教育以來就形成了兩種對立的傳統：一是作為「教學工具」的電腦輔助教學（CAI, Computer Assisted Instruction），另一是作為「學習工具」的電腦輔助學習（CAL, Computer Assisted Learning）。

電腦輔助教學的傳統，就是以前述施金納在一九五〇年代所發明之教學機為起源。施金納是很徹底的行為主義心理學者，因此將學習公式化為刺激（Stimulus）—反應（Response）—增強（Reinforcement）的S-R-R理論。然後在「操作制約」、「小階段循序漸進」、「即時回饋」的原理之下開發了編序教學，讓孩子使用機器進行學習。然而現在，已經沒有任何學習科學的研究者相信S-R-R理論了。因為眾所皆知，S-R-R理論是以老鼠等動物實驗為基礎的理論，對於使用語言與符號（symbol）學習的人類而言，即使S-R-R理論成立，其記憶也只是短期記憶罷了。不過，施金納的學習理論仍殘存於電腦教育的領域，創造出以電腦作為「教學工具」（CAI）的教育傳統。只要調查現今的ICT教育課程內容，不難發現有大多數都是繼承施金納編序教學的傳統模式。

另一方面，將電腦作為「思考與表現的工具」的電腦教育則形成另一種傳統。其出發點是西摩爾・派普特（Seymour Papert, 1928-2016）在一九六七年為促進孩子思考與探究所開發的LOGO程式語言。派普特是麻省理工學院（MIT）的數學家，他與尚・皮亞傑（Jean Piaget）進行合作研究，實現了皮亞傑建構主義學習理論的電腦教育。其後，讓學生能夠使用電腦作為工具，進行創造性建構式思考的探究程式也隨之開發。開發個人電腦（personal computer）與創造「電腦素養（computer literacy）」一詞的艾倫・凱（Alan Kay, 1940-）向派普特學習，承續推動以建構主義學習理論為基礎的電腦教育。其後，開發Scratch 工具幫助孩子思考及表現，現已成為電腦教育前導者的密契爾・瑞斯尼克（Mitchel Resnick, 1956-）也向派普特學習，承繼建構主義的學習理論。上述作為「思考與表現工具（學習工具）」的電腦輔助學習，立足於建構主義的學習理論，並以皮亞傑、杜威（John Dewey, 1859-1952）、維高斯基（Lev Vygotsky, 1896-1934）、布魯納（Jerome Bruner, 1915-2016）的學習科學為基礎。

電腦教育中這兩種對立的傳統，在現今的ＩＣＴ教育中重新上演對立戲碼。

ＩＴ企業與教育企業開發提供的ＩＣＴ教育特點，在於有壓倒性的多數都是繼承「教學工具」的電腦教育傳統。為什麼會有這樣的現象呢？我想最大的原因在於，ＩＴ企業與教育企業所推崇的ＩＣＴ教育，都是追求電腦代替教師的位置。讓電腦代替教師擔當教學的角色，如此一來ＩＴ企業與教育企業便能省下教師的人事費用而轉為利潤。也因此，ＩＴ企業與教育企業的ＩＣＴ教育傾向於機械式學習。像是某個教育程式，其ＩＣＴ教育的內容是反覆練習漢字與計算。但我認為，若要練習漢字與計算，讓孩子實際使用鉛筆與筆記本，隨著運用身體來執行的學習，明顯能達到最好的效果，但ＩＣＴ教育卻使那樣滑稽的學習成為現實。

電子教科書也是如此。我曾在上海某所小學參觀一堂使用電子教材的英文課，印象十分深刻。開發該電子教材的是牛津大學。這本電子教科書建構得十分完善，一堂課從開頭的敬禮到最後的敬禮，全部都在帶有影片的電子教科書指示下進行。只要一按開始鍵，無論教師的引導與提問或學生的活動，全按照電子教科書進行即可。小組活動內也有幾處包含學習單，學生寫學習單時，系統還會播放背景音樂。這本電子教科書從開始到結束全部程式化，堪稱是ICT教育活用電腦作為「教學工具」最為洗鍊的形式。

相反地，在運用電腦作為「學習工具」（思考、探究與協同的工具）的ICT教育，電腦的作用並不是要取代教師。教師在此有三個角色：「設計學習」、「協調學習」與「反思學習」。這樣的「設計」、「協調」與「反思」三者皆為創造的、探究的、即興的行為，是電腦無法取而代之的功能。舉例而言，同樣在中國，北京一所推動學習共同體改革（筆者自一九九二年以來所提倡的學校改革）的學校中，我參觀了「二次函數與圖」的數學課。課堂中在$y=ax^2+bx+c$的算式下，學生一邊操作平板電腦的模擬系統，改變每個常數a、b、c的拋物線，一邊在小組協同學習中理解a、b、c各自的定義，進而開展探究的學習。課堂上每位學生一邊操作平板電腦一邊思考，並在小組內相互交流，相互探究與學習。在這樣的ICT教育中，電腦並非「教學工具」而是「學習工具」，亦是「思考與表現的工具」，更具有「探究與協同的工具」的作用。

可惜的是，日本的ICT教育程式仍在CAI模式的「教學工具」之主導下，CAL模式的「思考與表現的工具」功能非常薄弱。在推動「主動學習」（active learning）的現在，開發作為「思考與表現的工具」的ICT教育程式可說是當務之急。

教育思索

• ICT教育披著迎向未來夢想與科技神話的彩虹羽衣，真能提高孩子的學習品質嗎？

後新冠時代的
學習再革命

6

邁向學習的革新

到二〇二二年會有七千五百萬人失業，
同時會產生一億三千萬的雇用人口。
如同報告所指，
工業四．〇會像從前的工業革命一樣，
因社會變化而產生大量失業人口，
但也會萌生新的雇用需求。

未來的勞動者是「持續學習的勞動者」

在工業四・〇下，社會與教育激起了急遽的變化，其中新冠肺炎更侵襲了全世界。二〇一六年世界經濟論壇（達沃斯會議）預測工業四・〇會擴張至全球且於二〇三五年展開。這項預測因新冠肺炎而加速，提早了五年，在二〇三〇年就會快速推展到全世界。

在如此巨大的變革中，教育會如何變化？我們應該追求什麼樣的學習呢？新冠肺炎席捲全球以來，全球教育學者以及教育政策的決定者就開始討論「疫情期・後疫情時代的教育」。我也參與了許多包括歐洲、美國、亞洲各國所舉辦，以「疫情中・後疫情時代的教育」為主題的國際研討會，並在會中演講，參與大會（線上）的討論。在這些會議上，大家都不約而同會提到兩個關鍵語詞：「平等公正的教育」（equitable education）與「學習的再次革新」（re-innovation of learning）。這兩個關鍵語詞如今已是全球教育學者的共識。

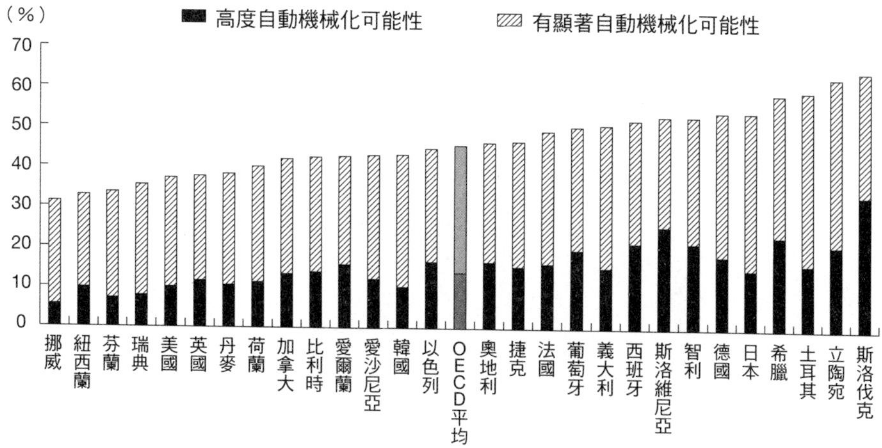

圖12　各國勞動力自動機械化比例之預測

出處：OECD（2020）

工業四・〇對社會與勞動力帶來極大的改變。

圖十二是OECD針對「成人的能力調查」（二〇一八年），報告未來勞動力的「自動機械化」（AI與機器人取代人類）會發展到何種程度。黑色部分顯示自動機械化機率高的工作比例，斜線部分顯示有顯著自動機械化的比例。如圖表所示，日本是自動機械化比例相當高的國家之一。我認為這是

由於日本並未在第三次工業革命成功轉型，因此在工業四．〇會比其他國家更廣泛地發展勞動力的自動機械化。

勞動力ＡＩ化與機器人化因新冠疫情更加速行進。世界經濟論壇在二〇二〇年十月出版的「二〇二〇未來工作報告」指出，二〇二〇年的勞動力已經有二十九％達成自動化，二〇二五年將有五十二％的工作被ＡＩ與機器人取代，勞動力的核心將從人類轉為ＡＩ與機器人。該報告書並預測從二〇二〇年到二〇二二年的兩年間，金融業的二十．八％、汽車產業的十九．一％、零售業的十六．八％、資訊業的十七．五％、教育的十三．九％、行政的十四．八％、醫療保健的十．六％等十五個領域，有十％以上的工作都將被ＡＩ與機器人取代。總的來說，到二〇二二年會有七千五百萬人失業，同時會產生一億三千萬的雇用人口。如同報告書所指，工業四．〇會像從前的工業革命一樣，因社會變化而產生大量失業人口，但也會萌生新的雇用需求。然而，如第一章所述，從前的工業革命是肉體勞動的工作轉為技術化，但工業四．〇與其極大的不同處在於，連同頭腦勞動的工作也會轉為技術化，而新產生的工作，大部分都是比現存的勞動更需要高度智慧的工作。

透過這一連串的分析，「二〇二〇未來工作報告」揭示了驚人的結論。在此激烈變化的社會中，想要保住工作不失業，所有的勞動者到二〇二二年為止的兩年內，需要進行「一〇一日分的學習」。但僅僅兩年間要做到「一〇一日分的學習」，對所有勞動者是否可行？不管可否，能確定的是工業四．〇所需要的是既能工作又能落實同等學習的「持續學習的勞動者」。工業四．〇在今後至少持續十五年，如果「二〇二〇未來工作報告」所提出的勞動變化與學習必要性持續增強，那麼未來的勞動者工作方式即將產生變化——學習將是工作的核心。

然而，日本對於建設生涯學習社會，在支持勞動者持續學習的準備上非常不足。圖十三顯示大學入學者中，二十五歲以上學生的占比。在外國，大學已經成為生涯學習的教育機構，但在日本的大學，二十五歲以上的大學生只占二．五％，大幅少於ＯＥＣＤ平均的十六．六％（二〇一七年）。

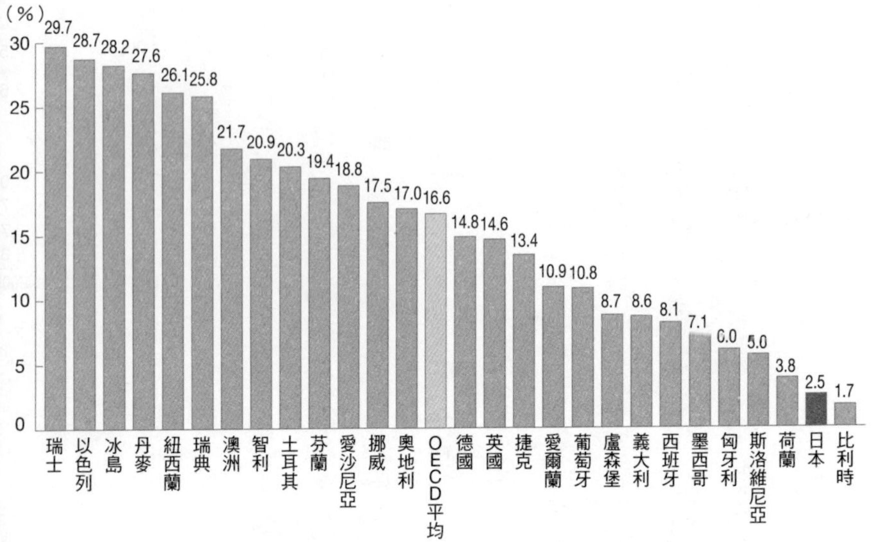

圖13　高等教育機構二十五歲以上入學者的比例（2015年）

出處：2017年11月內閣官房人生一〇〇年時代構想推動室

圖十四顯示日本每一百萬人取得碩士學位的人數，以及企業內取得博士學位的人數。從圖表可知，相較於歐美諸國，日本取得碩博士學位者明顯較少，研究所也並未被活用為生涯學習的機構（並且以日本而言，碩士學位者偏向工學系，博士學位者偏向醫學系）。

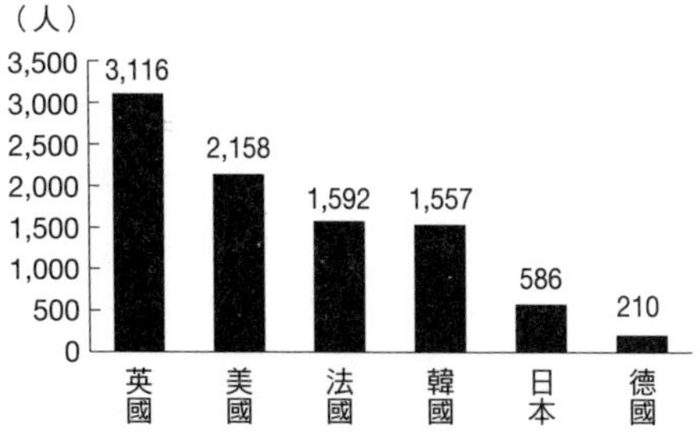

每100萬人中的碩士人數（2008年）

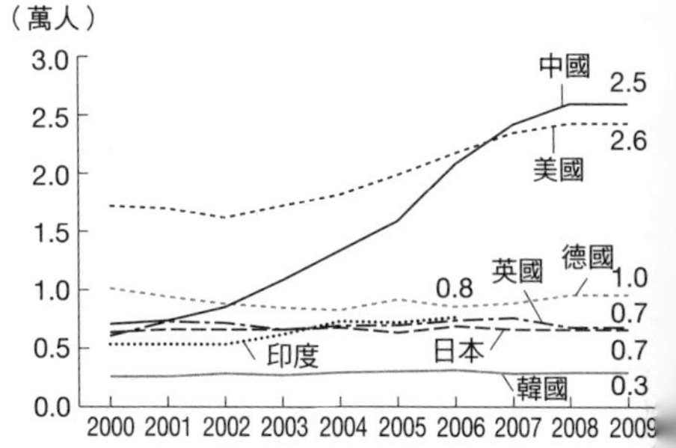

自然科學領域的博士人數變化

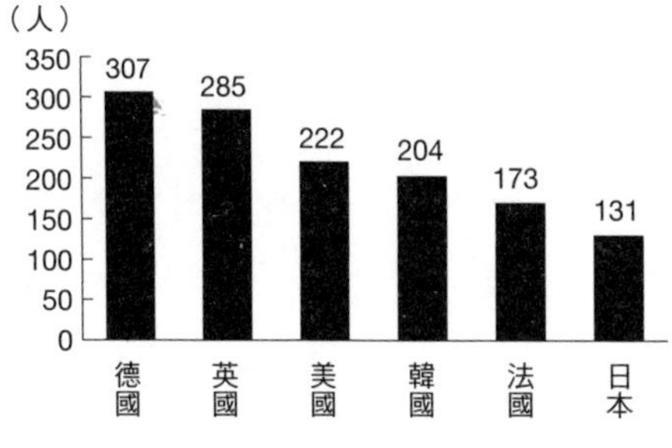

每100萬人中的博士人數（2008年）

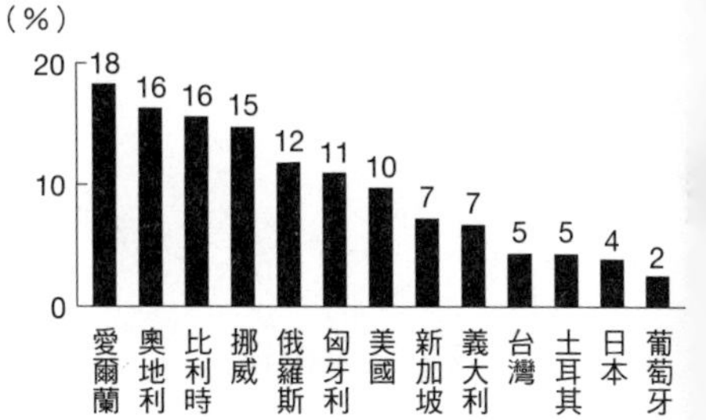

企業研究者中的博士人數比例（2009年）

圖14　每100萬人中碩博士人數與企業內博士人數

出處：文部科學省「邁向社會5.0的人才培育」2017年

因應工業四．〇，我們必須從根本開始改變思考方式與工作方式。今後的企業必須是「學習的企業」，今後的勞動者必須是「持續學習的勞動者」，今後的大學除了是高中畢業生的升學目標外，更必須是提供「生涯學習的場所」，今後的研究所除了是培養研究者的場域外，更必須是社會人士「學習高度知識的場所」。為了進行上述的改革，必須儘早針對日本的大學與研究所進行財政支援與制度調整。

因應新式社會

人們預測在工業四．〇之下，當目前十二歲的孩子長大成人時，所從事的工作將有六十五％是現在不存在的全新工作。因為是從未存在過的全新工作，我們幾乎無法得知那會是什麼樣的內容。然而可確認的是，這些工作大部分將會是ＡＩ或機器人沒辦法取代的工作。讓我們具體思考十年後的社會，也就是目前十二歲的孩子到大學畢業時的狀況。首先，超商與零售店應該幾乎沒有店員了吧！計程車、公車及卡車司機也被預測在十五年後有九十八％會失業。目前大型銀行已開始縮編人員，屆時銀行員應該也會大幅減少，銀行分行會留存，但每一家分行只會有一位人類員工——分行長。

機場的樣貌應該也會改變。目前登機手續與行李托運已經完成無人化，今後連同機場的餐廳也會實現由ＡＩ與機器人經營的形式吧！醫療方面也會出現變化，今後手錶將記錄每人的日常健康狀況，透過數據分析，在生病時自動告知需要的藥物。律師大部分的工作內容也將由處理大數據的資訊服務系統取代。

農業也會出現變化，目前在德國已經做到僅需兩人就能夠負責執行中型規模農場（在日本則屬大規模農場）的工作，包括飼養一百頭以上的牛、製作飼料、用飼料的莖葉及牛糞發電、出售牛肉、牛奶及電力等。也就是說，飼料的農作及農田耕種、超過一百頭牛的飼育、健康管理、擠奶、牛肉處理、牛奶及牛肉的出貨運送、以牛糞與飼料根莖發電與電力發送，幾乎所有工作都能由

ＡＩ與機器人執行。

什麼樣的教育與學習才夠應對這樣的新式社會？答案就是「學習的革新」。

邁向學習的革新

即使世界與未來的腳本還不是很確切，但全球教育學者對於生存在工業四・〇與疫情期・後疫情時代所需的學習，幾乎達到一致見解：「學習的革新」。關鍵字就是「創造性」（creativity）、「探究」（inquiry）與「協同」（collaboration）。

「學習的革新」在柏林圍牆倒下，全球化時代來臨約三十年前就已開始，以「二十一世紀型學習」為人們所追求。三十年前「學習的革新」與今後所追求之「學習的革新」需要加以區別，在此我稱後者為「學習的再革新」（re-innovation）。雖然稱為「學習的再革新」，但就追求「創造性」、「探究」與「協同」而言，與「學習的革新」完全一致，相異點在於以更進一步的「革新」追求創造更高品質的學習。接下來，我將一一探索「學習的（再）革新」中，「創造性」、「探究」與「協同」個別的含義。

「創造性」一詞頻繁被使用在教育領域，但這個詞彙是相當麻煩的概念。「創造性」可說是教育的終極目標，但所謂「創造性」指的是什麼樣的能力？要怎麼做才能教育孩子擁有「創造性」？要明確說明實在非常困難。首先，定義「創造性」就已經相當困難，因此「創造性的教育」一詞常常引起混亂。然而在此狀況下，我們知道，「創造性」的基礎在於透過藝術創造與批判思考（不同視角的思維）所培養的想像力（imagination），而這想像力是人類專屬的能力，不管AI再怎麼發展都無法達成。

不同於「創造性的學習」，關於「探究」與「協同」的學習，其研究與實踐不斷向前推進。所謂思考雖然是一個人就可以完成的，但探究則是透過多元視角（批判性思考）的綜合思考，除非是像研究學者一樣經過特殊訓練，一般人是無法獨自達成的。也就是說，探究一定需要與他人協同。另一方面，在學校裡如果小組協同並未伴隨探究，小組的進行也就毫無意義。因此，「探究」的學習與「協同」的學習，是可以概括一體而論的概念。

在「二十一世紀型學習」中，「探究」與「協同」是核心概念。傳統講課方式的課堂（學生全體面向黑板，以教師為中心用同樣的速度講解同樣的內容）成立於約一四〇年前，當時每個國家皆如此。傳統課堂的根基，在於當時社會的兩樣訴求：建設民族國家（形塑國民）與發展工業主義社會（有效率地培養單純勞工）。傳統課堂對於教育出單純勞工（農民與工廠作業員），是極有效率且省錢的教育系統。然而，在柏林圍牆倒下的一九八九年以後，民族國家的時代結束，全球化開始進行，社會從工業主義轉向後工業主義（知識社會），傳統課堂失去存在的基礎後瓦解，因此轉移為「二十一世紀型學習」的「探究」與「協同」的學習。

日本的課堂改革與學習改革相較各國約晚了二十年，近年則以「主動學習」開展。二〇〇三年的PISA調查結果顯示了日本當時學習的狀況。二〇〇三年時，日本的教室進行「探究學習」的狀況是四十個調查對象國家中最後一名，「小組協同學習」是倒數第二名（韓國是最後一名）。換言之，日本「學習的革新」是全世界反應最遲鈍的。

然而，其後狀況大幅改變。在二〇一五年PISA關於「合作問題解決能力」（collaborative problem solving）的調查結果中，日本一躍至排行頂端，促成這樣躍進的就是主動學習的改革。

雖然在新冠疫情下多有受限，但在學校現場仍持續推行「探究」與「協同」的「學習的革新」。圖十五是實踐我所推動「學習共同體學校改革」的教室風景。目前日本全國約有三千所小中高學校參加「學習共同體學校改革」的網絡，其中每間學校皆致力於發展「學習的革新」。將這樣「學習的革新」與ICT教育（活用電腦為「學習（探究與協同）的工具」）結合，就能達成「學習的再革新」。

圖15 「學習共同體」的教室風景
（繪製：永井勝彥）

不過，為了要達成「學習的再革新」，我們就必須要給予教師及孩子許多支援，尤其需要的，就是教師的研習。世界經濟論壇「二〇二〇未來工作報告」指出，到二〇二二年時所有的勞動者需要進行「一〇一日分的學習」。教師的工作是知識的、文化的勞動，所以必定需要比一般勞動者有更多的學習時間。在社會與產業這般激烈變動下更是如此。

但現實卻剛好相反。比較

文部科學省在一九六六年與二〇〇六年所進行的調查，教師的工作時間一個月增加了二十六小時的加班時數，但研習時間驟減了三分之一。如果只看校內的研習，從一九六六年到二〇〇六年之間，小學與國中減少了五分之一的時間。如今，因為「勞動改革」政策所推動的不規則勞動時間制與因應新冠疫情的忙碌，更助長了教師研習時間銳減的傾向。今後，對於GIGA School的計畫將投入極大的預算，作為因應方案，教師的研習重點將可能放在ＩＣＴ教育，這是相當危險的狀況。我們得銘記於心，工業四．〇與疫情期．後疫情時代所需要的教師研習，重點並非是ＩＣＴ教育，而在於如何進行「學習的再革新」。

教育思索

- 在此激烈變化的社會中，想要保住工作不失業，所有的勞動者到二〇二二年為止的兩年內，需要進行「一〇一日分的學習」。但僅僅兩年間要做到「一〇一日分的學習」，對所有勞動者是否可行？

後新冠時代的學習再革命

7

改革的展望

為了擁護教育的公共性，
我們必須創造出一種機制，
在與教育市場部門維持合作關係中，
保障學校成為以公共性與民主主義哲學為基礎的共同體。
地方市町村的教育局處與地區內學校發揮自主性，
將學校重新定位為地區共同體的教育與文化中心。

未來學校的願景

二〇二〇年一月，世界經濟論壇發表了「未來學校：為工業四．〇定義新的教育模式」白皮書。該報告指出為了因應工業四．〇所發展的新工業與新社會，小學教育與國中教育極其重要，並提出了「未來學校」的願景。

該報告指出作為工業四．〇的「學習的革新」，以下八點是重點課題：

1. 全球公民技能（對於世界與其永續性的關注、對於全球共同體的積極參與）
2. 革新和創造力
3. 科技的技能
4. 人際交往的能力（情感關係、同理心、合作與協調、領導能力）
5. 個性化學習與自訂進度學習
6. 無障礙和包容性學習（超越校園的學習）

7. 以解決問題為中心的協同學習

8. 終身的主體學習

該報告指出，此八個重點課題互有關聯，必須綜合追求這八項能力。

在「未來學校」中，最重視的就是「學習品質」。對於「學習品質」的定義目前仍有爭論，因此報告並未明言，但報告詳細說明上述八大重點課題所需的「學習內容」與「學習經驗」，可明白得知應當追求的就是「學習品質」。

能夠因應工業四・〇的「學習革新」就是前述的八個重點課題，這樣的說法應該沒有人會反對吧。經濟產業省的「未來教室」中提到的「個別最適化」與「STEAM教育」，兩者內容乏善可陳，但世界經濟論壇的「未來學校」內容全面且明確具體。

但問題是如何實現以這八個重點課題為基礎的「學習革新」？可惜「未來學校」僅提示八個重點課題的「學習內容」與「學習經驗」，並未明示實現策略、政策或實踐指標。一切還是要取決於教育政策決定者、教育行政關係者與現場的教師。

只是，該報告在開頭時論述，為實現「為未知的工作做準備的學習」，將「被動學習」（passive learning）轉換為「互動式學習」（interactive learning）非常重要，並且在世界地圖上用四個顏色區分各國的達成度。圖中顯示美國、加拿大、英國、德國、北歐各國、澳洲、中國、香港、新加坡以及沙烏地阿拉伯是「學習革新」達成度最高的國家，其次為俄羅斯、法國、西班牙、義大利、日本、韓國、印度、印尼等國，而中南美洲各國以及非洲各國則是學習革新最為落後的國家。暫且不論這個評價是否有爭議，但「學習革新」的達成度與GDP的規模幾乎一致，這是不爭的事實。

如同報告所指，最有需要因應工業四・〇的地區卻最未能達成「學習革新」，這是嚴重的問題。現實在於，工業四・〇不停加速前進，教育的革新卻因為新冠疫情而停滯不前，社會也因功能不全而走向危機。

不僅如此，國際非營利組織樂施會（Oxfam）提出警告，在二〇二〇年四月，因為疫情，一天生活費僅有一．九美元以下的貧困階層增加了約四億人以上，總數超過九億人；一天生活費在五．五美元以下的人數則增加五億人，總數接近四十億人（超過人類半數）。另一方面，樂施會也提出，二〇二〇年十二月，在疫情之下的一年間，光是世界富豪十人的財產便增加到可以購買全球人口數的疫苗；貧困階層卻要花上十年的努力，才能恢復到原來的財務狀況，貧富差距日益擴大。

新冠疫情所造成的貧富差異與雷曼兄弟破產事件時的狀況不同。雷曼兄弟破產事件時，在日本資產超過五千萬日圓的富豪損失了三分之一的財產，而資產少的人幾乎沒有損失。雷曼兄弟破產事件使金融經濟無法正常運作與實體經濟蕭條（recession）。而這次新冠疫情帶來的經濟危機，在股票市場卻意外翻紅，但實體經濟卻受到決定性的打擊。就是這樣投資經濟與實體經濟激烈分離，造成貧富差距更為擴大。

根據世界銀行的報告，二〇二一年世界經濟的GDP成長率可望恢復到四・〇％（新冠疫情前的預測為四・二％），預測美國二〇二一年的GDP成長率為三・五％，中國為七・九％。中國在IT技術的發展與研究論文數已經超越美國，躍為世界第一，在十年以內GDP也極有可能超過美國，成為世界第一經濟大國。甚至十年內，印度的GDP也將超越美國成為世界第二經濟大國，世界的經濟將以中國與印度為中心開展。如此，工業四・〇與新冠疫情將大幅重置世界經濟版圖。

根據世界銀行的預測，問題嚴重的國家是日本。日本在二〇二一年GDP成長率只有二・五％，而預測這樣低迷的狀態將會持續約五年。這可說是世界最糟的狀況吧。

眾所周知，日本的財政赤字已經達到世界最高金額。福島核電廠事故造成的經濟損失今後也將持續，年輕世代必將背負極大的負擔。第三次工業革命的失敗，導致產業構造的改革明顯遲緩，由於對未來教育投入的公共經費不足，科學研究與學術研究因此停滯不前，三十年前的大學升學率為世界第二名，現在已經下滑至第四十六名（二〇二〇年）。這三十年來，政府在外交、經濟、社會、文化、教育政策上的失敗，招致日本經濟、社會、文化與教育跌落無底深淵，看不到出口。此時再加上新冠肺炎大流行，在第三次工業革命（數位革命）還未達成的狀況中，工業四・〇更加速行進著。

眼看如此狀況，最好不要有靠著國家與資本工作及生活，並期望文化與教育有美好未來的想法。應該要想辦法以自己居住的地區為中心，創造經濟、社會與文化，以自己區域的學校為中心開創孩子與地區社會的未來，我們應該以此想法為基礎，開拓改革的前景。

同時，也必須留意一件事：因為工業四・〇與新冠肺炎大流行，透過新自由主義得以延長壽命的資本主義將大幅改變樣貌。

第一次工業革命、第二次工業革命以及第三次工業革命，都是因技術革新讓資本主義得到飛躍式的發展。而工業四・〇也同樣會引導著資本主義飛躍式的發展嗎？在這裡有一個極大的問題：世界貧富差距如此嚴峻，僅一％的富人擁有八十二%人口的財富，再怎麼想，應該也不會有人認為今後資本主義能夠延長壽命吧！況且，自然環境的破壞已經快要超越地球的極限，這樣的狀況實在難以讓人認為資本主義會持續發展。

工業四．〇與其他次的工業革命相比，有些相異之處。前幾次的工業革命都是因為發展新技術而提高生產效能，使商品價格與利潤提升，資本主義進而發展。但在工業四．〇之下，商品價格極端低廉。舉例而言，二〇一九年加州的一家建築公司以破天荒的低價販售透天厝，一間竟然只要四千美元（四十二萬日圓）。半年後將其裝潢成豪華別墅，也只花兩千五百美元（二十七萬日圓）。建築公司售價低廉的祕密在於這些房子不使用任何人力，是以3D列印建造而成，建材使用玉米的根莖及葉子，因此材料費只要十萬日圓。如該例所示，在工業四．〇之下，所有商品價格將降到沒有底線。這個現象其實已經發生，以電視到電腦等電化製品為首，許多產品價格都已經開始降低。而現在仍以高價販售如iPhone之類的商品，是由於企業壟斷所致。

所謂資本主義指的是資本自己增值運動，而商品價格下降會招致資本主義瓦解的危機。一旦資本主義崩潰，以暴力、戰爭、與競爭為主的野蠻社會將再次復活。在那之前，我們必須努力恢復資本主義的正確功能，使其正常化。

在這樣的時代想要擁護教育的公共性，應該思考什麼樣的對策？因新自由主義的市場萬能論，世界各國的公共教育皆瀕臨危機。這樣的危機更藉工業四．〇所帶動的ＩＣＴ教育與教育市場巨大化而擴大。許多國家成為負債國，公共教育成為財政負擔，只憑國家財政要維持公共教育已屬困難。另一方面，教育的需求年年升高，公共教育以外的教育市場也持續擴張。結果，維持市民社會與民主化所需的公共教育，以及教育市場中追求利潤的商品化教育服務，兩者的界線遭到破壞，呈現無邊界狀態。公共教育已經無法繼續排除與教育市場的關係。在如此情況下，應該如何才能保障教育的公共性？

處在這樣的新階段，為了擁護教育的公共性，我們必須創造出一種機制，在與教育市場部門維持合作的關係中，保障學校成為以公共性與民主主義哲學為基礎的共同體。具體而言，地方市町村的教育局處與地區內學校發揮自主性，將學校重新定位為地區共同體的教育與文化中心。用教育局處與學校自主的力量維持民主主義的機制，以抗衡將教育市場當作基礎的教育企業與ＩＴ企業，無法單方面參與公共教育的經營。另一方面，以教育局處與學校的自主性為核心，連結教育企業與ＩＴ企業共同創造教育的公共圈。我們有必要開始在各地區與各學校實驗性的導入這個新的體制。

在疫情之下，追求「生命與人權中心」而非「國家與資本中心」的人們將會開始摸索創造全新的社會，我將其命名為「sharing, caring, and learning community」（相互分享、關照與學習的共同體）。相互分享資源與資本，不捨棄任何一人的相互關照，在相互學習之下共同解決許多問題，開啟未來新希望的共同體社會。我認為，如果沒辦法建設這樣的「全新社會」，就無法阻止資本與科技的瘋狂暴走，人類也將看不到未來。倘若真能實踐新模式，我們所追求的「學習再革新」，將是能夠培育出推動且肩負建設「全新社會」的孩子們。我期待，在此願景中連結教育的希望。

教育思索

- 當維持市民社會與民主化所需的公共教育，以及教育市場中追求利潤的商品化教育服務，兩者的界線遭到破壞，在此情況下，應該如何才能保障教育的公共性？

後新冠時代的
學習再革命

8

新冠疫情下的ＩＣＴ教育——

活用電腦進行探究協同的學習

在思考ＩＣＴ教育今後最佳的生存方式時，
我們必須探討如何針對疫情之下
世界、社會與教育的變化，並提出應對方法。
關鍵在於同時追求「永續」與「革新」，
此兩者能夠並行的教育改革，應該如何構思與實行？
同時在這樣的教育改革中，
ＩＣＴ教育應該扮演什麼樣的角色？

疫情下的社會與教育

本書日文版原書在二〇二一年的四月發行出版，上架後在日本國內馬上成為暢銷書，短短一年內達到五刷。海外的翻譯出版計畫也陸續進行中，韓文版在九月出版，而繼繁體中文版出版後，簡體中文版也正在計畫中。在本章，我將報告日文版原書出版後的兩年來社會與教育的變化，並且提出具體的課例說明ICT教育最佳的使用方式。

在新冠肺炎大流行以來，世界、社會、以及教育產生了激烈的變化，而這樣的巨變如今仍在進行中。如此急遽的變化是由以下幾點產生：

1. 疫情的攻擊直至目前仍未看到結束的徵兆。人類從六千年前開始集體定居飼養家畜以來，就不間斷地被各種病毒所侵襲。我們的身體約以三十七兆個細胞組成，體內存在比細胞數量多十倍的病毒（三七〇兆個），並與其共存。而病毒進化的速度比人類進化速度快一百萬倍，預計今後仍舊會有新的變種病毒持續登場。從前的病毒大流行，包括一百年前的西班牙流感，幾乎都是在奪去感染地區三分之一或二分之一的人類生命後宣告終止。

2. 以疫苗對抗病毒仍需時間才能奏效。只是，西班牙流感時人類並不了解「病毒」的存在，也沒有開發任何疫苗。這次新冠肺炎的 mRNA 疫苗並非如同從前製造抗體免疫以預防感染，而是製造細胞免疫以防禦感染致死或重症，這樣的效果極高。因此，當世界上大多數的人皆接種疫苗時，大流行就會逐漸結束。即使如此，至少也要花上約三年到十年才能完全安心。

3. 因為新冠肺炎的大流行，導致世界變化激烈。放眼歷史，在病毒大流行後重新回復到「原本的社會」的例子為零。大流行會破壞現存的世界與社會，產出新的世界與社會，新冠肺炎的大流行也是如此。諸如緬甸的政變、阿富汗的塔利班、俄羅斯對烏克蘭的進軍等，第三次世界大戰的危機幾乎快變成現實，這些都是今後世界即將激烈變化的預兆。

4. 在疫情之下貧富的差異持續擴大。二〇二〇年十二月，總部位於巴黎的世界不平等研究所提出一百位世界經濟學者所進行的研究報告，警告貧富差距因疫情急速擴大。世界人口數一％的富豪獨占了世界全體財富的三十七·八％，占有世界人口一半的後五十％的人只擁有世界整體資產的二％（以日本來說，人口占一％的富豪握有全體二十四·五％的財富，後五十％的人口只擁有整體財富的五·八％）。國與國的富裕度差距雖然縮小，但各國內部的貧富差異不斷擴大。

5. 疫情加速了工業四·〇的進行。二〇二〇年十月，世界經濟論壇公布了以「未來工作」為題的調查報告。該報告指出，在二〇二〇年世界的工作已經有二十九％被人工智慧與機器人取代，預測到二〇二五年世界的工作將有五十二％轉為自動機械化。我將在本章後半詳述正在加速的工業四·〇與ICT教育的關係。

6. 「學習損失」狀態嚴峻。疫情所導致的停課以及學習上的限制，致使全世界孩子陷入嚴重的「學習損失」（learning loss）狀態。如何修復「學習損失」所造成的影響，是目前教育上最重要的課題。

在思考ICT教育今後最佳的生存方式時，我們必須探討如何針對疫情之下世界、社會與教育的變化，並提出應對方法。關鍵在於同時追求「永續」（sustainability）與「革新」（innovation），而此兩者能夠並行的教育改革，應該如何構思與實行？同時在這樣的教育改革中，ICT教育應該扮演什麼樣的角色？

疫情帶來的「學習損失」

兒童感染新冠肺炎的重症化比例相當低。新冠肺炎在人體中的受體（receptor）為ACE2基因，該基因會隨年齡增長而增加，因此在十幾歲以下的世代體內相當稀少。美國疾病管制暨預防中心（CDC）掌握了新冠肺炎的感染、發病、重症、致死的所有大數據。根據其報告，十幾歲以下的兒童感染者中，重症率為〇．一%到一．九%，致死率占所有死者的〇．二六%。日本國內十幾歲以下兒童的重症率為〇．〇三%，致死率為〇．〇〇%。

在這個科學數據公開之前的二〇二〇年，世界上有一八六個國家停課平均已約二七四天：已開發國家平均停課三～五個月，開發中國家及未開發國家則約七到十個月。也有些國家長期停課，例如印尼停課了約二十個月之久。日本停課約三到四個月，台灣約一個月。許多國家在停課期間進行線上教學，或者使用電視與廣播的遠距教學（日本是在停課過後才整備一人一機的GIGA School），所以進行線上教學的學校只有五%）。雖然幾乎所有的國家都進行停課不停學的線上教學，但「學習損失」仍然是極為嚴重的問題。

其實聯合國教科文組織、聯合國兒童基金會以及世界銀行在疫情大流行初期曾明確反對停課措施。如同前述，孩子面對新冠肺炎不易感染，不易發病，

疫情發生前與發生後的學習軌跡圖，
顯示當前學習損失對於未來學習的影響

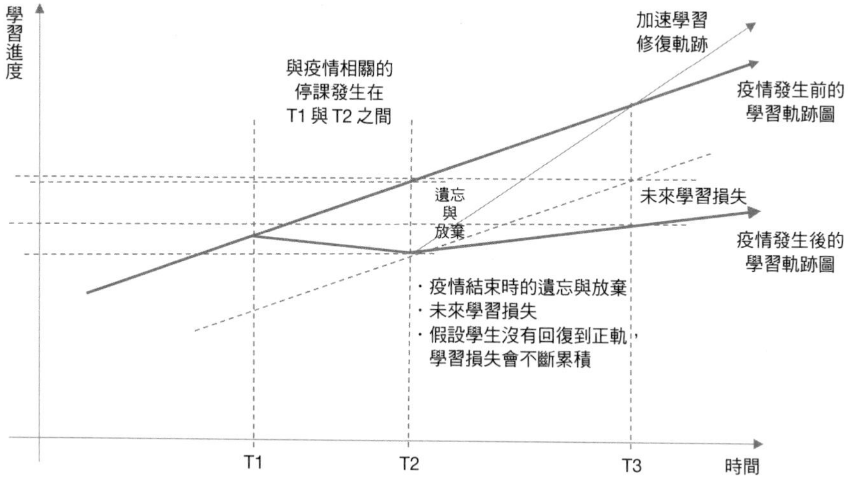

圖16 「學習損失」模式圖

也幾乎不會導致重症，因此對孩子而言，學校反而是最安全的場所。

在二〇二〇十月、二〇二一年六月、以及二〇二一年十二月，聯合國教科文組織、聯合國兒童基金會以及世界銀行三度發表疫情肆虐所導致的「學習損失」調查報告。「學習損失」是將學習水準的質與量累加進行計算，計算停課期間因「遺忘」（forget）及「放棄」[1]（forgone）所導致的結果，以及因為累積的學習延遲可能引起的「未來損失」（future loss）三種。調查結果顯示，比較本來應該到達的學習水準，開發中及未開發國家發生了三十％，已開發國家發生了十七～二十％的「學習損失」。

因為「學習損失」，全世界孩子的未來生涯薪資將損失高達十七兆美元（一八〇〇兆日圓），這個數字是世界GDP的十四％。特別是經濟能力在後五十％的孩子，因為損失學習機會，每三人就有一人背負未來可能找不到工作的危機。即使找得到工作，也將損失約二十七～三十四％的生涯薪資。對孩子而言，疫情帶來的危險並非「感染」，而是因為「學習損失」被剝奪的未來。如何恢復「學習損失」，是疫情下的教育層面最該優先思考的議題。

工業四・〇的加速進行與ＩＣＴ教育市場的擴張

工業四・〇因為新冠肺炎的大流行更加速進行。在大流行之下人與人的接觸遭到限制，活用人工智慧與大數據以進行穩定的供應鏈（supply chain）、智慧工廠（smart factory）、醫療、福利、教育等服務業，甚至是企業的遠距工作等，在許多方面都提高了對於工業四・〇的創新技術需求。與其並行的是５Ｇ基礎設施的整備，日本在二〇二〇年時５Ｇ的整備只完成十六％，計畫在二〇二三年時達到九十八％。

隨著工業四・〇的加速進行，ＩＣＴ教育的市場也呈現爆發式的成長。教育市場在疫情開始之前的二〇一九年就已經是汽車市場的三倍，達到六百兆日

1 指教學進度大幅落後或者是因時間不足直接跳過教學內容的情況。

圓，並以十四．六%的年成長率驚人的擴大。在二〇二〇年以後，年成長率的增加率更從三十四%上升到三十七%，現在已經到達十六．七%。預計三年後ICT的教育市場會達到一千兆日圓（汽車市場的五倍）。

ICT教育市場爆炸式擴張的區域，就是疫情大流行期間長期停課的地區。ICT教育市場年成長率高的地區，在亞洲地區為中國、印度、韓國，在北美為美國，以及中南美各國與非洲各國。特別是印度，在疫情之前就已經出現公立學校委託ICT教育企業民營化為「學費便宜的私立學校」的狀況，大都市有五成的學校，鄉村有三成的學校已經民營化。我們必須特別留意在東南亞各國、中南美洲各國與非洲各國，疫情的長期停課與ICT教育的普及，將可能伴隨公共教育的解體而持續擴大。

ICT教育市場的成長導致了公共教育解體的危機（公共教育的民營化），在國際中看似消極的日本也非例外。日本在二〇二〇年為了因應新冠肺炎的危機，一口氣導入了「GIGA School（一人一機）」制度。政府編列特別預算給每位學生四萬五千日圓，每校最多約三千萬日圓以整備無線網路環境，並且要求各地方教育局處負擔幾乎同樣金額的預算，使「GIGA School」在短短一年內得以實現。就國際的眼光來看，原本ICT環境明顯不夠先進的日本，終於設立了符合全球化標準的環境，這點值得讚揚。

但是，政府進行「GIGA School」計畫的真正意圖是以教育投資為名目，向ICT企業投入大量資金，使ICT教育市場一舉擴大。實際上，二〇二〇年電腦的銷售量已增加為二〇一九年的兩倍；ICT教育企業參與了每間學校的日常營運與各地區教育局處的行政，每位學生皆在日常課堂活用不同ICT教育的軟體。而危機將在幾年後顯現：對於實行「GIGA School」計畫，不管是文部科學省或地方教育局處都未能編列正常經費的教育預算，皆以特別經費支付。甚者，這些器材與設備並非向企業租賃而是購買，今後電腦機器及無線網路環境的維護以及更新的經費皆尚未準備。一間學校光是機器的維護與更新就要花上數千萬日圓，沒有任何地方教育局處有辦法應付如此龐大的開銷。在經費持續不足的情況下，數年後日本應該會直接面對公立學校委託企業民營化的危機。要如何做才能維持並保護公共教育的ＩＣＴ教育環境，並進行有效活用？教育行政部門與學校應該制定相關的政策。

ＩＣＴ教育的普及與學校的變化

一人一機的ＩＣＴ教育設備，讓學校與教室的風景大為改變：學生可以隨處使用平板進行學習，教師起初有點困惑，但也逐漸習慣ＩＣＴ的教育環境，每人皆開始摸索符合自己教學風格且有效活用平板的方法。教育局處之前忙於機器準備與教師的研習，現在各地皆在「教育計畫」中明示活用ＩＣＴ教育為核心目標之一。

我曾經歷好幾次學校教育的技術翻新。一九六〇年代因為視聽設備的技術發展，教室開始設置電視；一九七〇年代教學機廣泛流行，學校因而設置教學機特別教室；一九八〇年代ＬＬ教室（language laboratory，語言實驗室）普及於各校。但是現在，除了電視被數位電視所取代，地下需要設置將近一百條電線的教學機教室與LL教室在各校早已不見蹤影。ICT教育雖不至於面臨同樣的命運，但這一年來的「做什麼事都要使用ICT」的熱忱應該會逐漸平靜。現在的ICT教育將會用何種姿態存留於學校現場？將會產生什麼樣的實際使用情況？

電腦是一種工具，透過不同的活用思維會放大或再現教育現場的現實。也就是原本保守的課堂會因為電腦更加保守，革新的課堂會更加革新。擴大而言，在教師與學生皆孤立的學校中，電腦會使教師與學生更加孤立，在競爭關係的教室會更競爭，在協同關係的教室會更促進協同。因此，根據不同的學校文化，ICT教育的實際使用狀態可說是天差地別。在理解上述現象後，我列舉幾個特徵：

1. 在進行傳統講課的學校中，ICT教育傾向被使用為「個別最適化」的工具。（符合文部科學省與經濟產業省倡導之內容。）

2. 在進行二十一世紀型課堂與學習革新的學校中，教師摸索如何使用ICT教育使其成為「探究與協同的工具」。透過使用經驗，許多教師也發現電腦（平板）使學生的學習傾向個人化，因此認知使用電腦進行教育存在限制，並非完全有效。

3. 在疫情之下只能進行線上教學的大學中，教師與學生實際感受線上教學無法呈現在教室實際教學的同等效果。其結果，在二〇二三年度幾乎所有的大學都將線上課程縮減至最少程度，恢復平常的面對面教學。

4. 小中高學校的學生在剛拿到一人一台平板時很開心，會時時刻刻使用。隨著ICT教育環境的日常化，現在則趨於冷靜不會過度使用。（孩子對於電腦的自然活用能力令人讚嘆。）

5. 教師對於活用ICT教育呈現兩極化的反應。有些教師盡可能廣泛使用電腦或平板，也有些教師對於ICT教育的效果抱持懷疑，只在最小限度使用。

6. 熱心活用ICT教育的教師在士氣上也呈現兩極化。有些教師積極使用

ICT開發教材，比平常花更多時間備課；也有些教師認為ICT技術（線上教學／錄影、個人練習）使教學「比平常更輕鬆」，因此對於教學所花費的氣力降低。（中小學較少，但高中與大學約半數。）

為何ICT教育在學校現場產生這樣的混亂與困惑？最大的原因，在於經濟產業省與文部科學省是在鼓吹「個別最適化」學習之下導入ICT教育。二〇一八年以來，經濟產業省成為推行ICT教育的先鋒，與ICT企業結合，在「未來教室」的計畫中推動「個別最適化」。二〇二〇年「GIGA School」計畫施行後，文部科學省在學習指導要領（國家課綱）中揭示「個別最適化學習與協同學習」的標語，鼓勵ICT教育為「個別最適化」的教育技術。這樣充滿矛盾的「個別最適化學習與協同學習」的標語，就是造成學校現場混亂的重要原因。

產生混亂是理所當然的結果。在「GIGA School」以前，文部科學省推動的是以「主體的、對話的深度學習」為標語的「小組協同學習」。二〇二一年，在學習指導要領中加入「個別最適化學習」，則是因為經濟產業省與ICT企業施加強烈壓力下的結果。在兩方妥協之下，標語確定為「個別最適化學習與協同學習」。「個別最適化」作為ＩＣＴ教育的標語真的適合嗎？確實有許多國家將ＩＣＴ教育宣傳為「個人化學習」（personalized learning），但是這些國家有許多都是開發中國家，「個人化學習」就是ＩＣＴ教育企業最常用的廣告語。

經濟產業省與文科省宣稱「未來教室」就是「ＩＣＴ教育＝個別最適化」，事實真是如此嗎？「個別最適化（最適合個人的學習）」用英語表達的話，應該是individualized optimization、optimized learning或individualized learning，這些都是我在研究所時代，也就是五十年前教育學研究的中心議題。我在研究所時，也讀了數十篇相關的書籍與論文，其代表性的理論為施金納的編序教學（教學機）與布魯姆的形成性評量與精熟學習。這些理論在一九七〇年代對於學校教育有很大的影響，但在一九八〇年代就已消失在美國的教育現場。「個別最適化」實際上可以說是「過去教室」而非「未來教室」。將ＩＣＴ教育的核心目標設在「過去教室」的概念中，就是引發學校現場一片混亂的原因。

活用ＩＣＴ教育

讓我們來檢視「個別最適化」的ＩＣＴ教育的實踐事例。目前廣泛使用於小學到高中的ＩＣＴ教育程式，是什麼樣的內容呢？我舉一個目前最普及的「ＩＣＴ教育程式」為例，檢視其內容概要與學校事例。為避免提及具體名稱妨害業務，在此我稱其為「ＩＣＴ教材Ｘ」。

「ＩＣＴ教材Ｘ」是經濟產業省與文部科學省推薦的ＩＣＴ教材之一，內容包括了小學到高中的主要五學科（國語、數學、社會、理化、英文），目前與許多地區的教育局處簽有合作契約，提供給約五十萬名學生在教室使用。編輯並販售「ＩＣＴ教材Ｘ」的ＩＣＴ教育企業是約莫十年前創業的補習班，當初以「世界最新的ＡＩ教材」的誇張廣告開發「ＩＣＴ教材Ｘ」並被廣泛使用。該系統宣稱電腦代替教師進行「智慧教育」，一個科目的費用與有名的升學補習班不相上下。而高中用的「ＩＣＴ教材Ｘ」是與有名的補習班Ｙ公司共同開發，教育內容皆由Y公司所編輯提供。

「ICT教材X」將教科書的學習、測驗、習作整體配套，主張「個別最適化」學習。這裡的「個別最適化」指的是「按程度學習」與「個人學習」。這個「個別最適化」的系統相當單純，各個教材的難易度只分三個階段。同時，「ICT教材X」除了「個別最適化」之外也主打「減輕教師負擔」，舉凡「學習問題」、「練習教材」、「測驗」的製作，以及「考試評分」與「管理成績」皆由「ICT教材X」進行，以大幅減少教師的工作量。實施「ICT教材X」的學校數據皆顯示「學力成績提升」與「學生學習動機提升」等「突破性的成果」。

「ICT教材X」在技術原理、學習過程以及教育內容的組織上與一九六〇年代施金納的編序教學（教學機）非常相似。施金納的教學機原理為①操作制約、②即時回饋、③小階段循序漸進等三個基礎。所謂操作制約是指以學習者自己操作教學機為首要條件，即時回饋為學習者寫好解答後即時告知是否正確，小階段循序漸進的原理是把學習問題細分為許多小階段，根據學習者正確或錯誤的回答決定下一個學習問題。「ＩＣＴ教材Ｘ」完全就按照施金納的「編序教學」三項原理進行（真的是「世界最新的ＡＩ教材」？），唯一不同的是，教學機換成電腦，選擇三階段的操作者由學生與教師換成ＡＩ而已。

然而，現代的學習科學研究者與教育學者已經沒有任何人贊同施金納的理論了，因為施金納的理論是以動物實驗為根基，強調「刺激—反應—增強」，這樣的學習只能達成短期記憶，研究者已經得到非常明確的結論。對於擁有語言與高度精神機能的人類而言，有效的學習並非「刺激—反應—增強」，而是透過語言溝通「建構意義與關係」才能成立。關於這一點，也已經有科學佐證。即便如此，ＩＣＴ教育企業所提供的ＡＩ教材卻絕大多數都是如「ＩＣＴ教材Ｘ」一般，以五十多年前的學習理論與技術原理為基礎。

在此我將介紹位於關西地區的Ａ國中使用「ＩＣＴ教材Ｘ」的實例。在教育局為實施「個別最適化」的計畫下發配「ＩＣＴ教材Ｘ」時，Ａ國中在被要求「盡可能多使用」該教材，因此在同月開始實踐。剛開始「每堂課活用十分鐘」，學生在一個月內反映平板電腦的學習「很有趣，還想再做」，使用上興致高昂。

然而，學生的積極度只維持了一個月。低成就的學生本來有如玩電動玩具一樣很開心，卻率先對「ＩＣＴ教材Ｘ」發出不滿：「會的同學三分鐘就到下一關了，我卻像無限循環一樣跳不出同一關卡。」面對這樣的不滿，教師試著加入「時間競賽」及「與旁邊同學交流答案」等條件，但有愈來愈多的學生開始要求「不要用平板，要四人小組學習」，因此在導入兩個月後，從原來的每堂課使用十分鐘，大幅消減為每個單元結束後使用三十分鐘（複習考試）。導入三個月後，高成就的學生開始對於教材的答案錯誤產生不滿，教師們因此請開發企業進行修正。導入四個月後，在學生強烈的要求下，每單元結束後的三十分鐘複習時間，變成做老師的學習單、課本的線上教材或「ＩＣＴ教材Ｘ」三選一。在導入半年後，學生已經不在教室使用「ＩＣＴ教材Ｘ」，只有在家複習會用。而教室中也從「個別最適化學習」恢復為「小組協同學習」。雖然這只是一間學校的例子，但我相信有許多學校都經歷了同樣的歷程。

活用電腦為探究與協同的工具

在對於「一人一機」的狂熱已經冷卻的現在，許多的教師都開始摸索ICT教育有效的使用方法。在此之前我提出兩大前提。

第一，因為電腦是工具，必須理解其有效性取決於在什麼樣的情境上活用這個工具。如同前述，在十九世紀型的傳統課堂中使用電腦，則教室的保守度將被放大並重生；在實現二十一世紀型學習的課堂，教室的革新度將被放大並重生。重要的不在於活用ICT教育的方法，而是在活用於教室時的情境。

第二，因為電腦是工具，必須理解其介面透明的重要性。所謂介面透明，指的是工具本身變得透明，也就是在無意識之下能夠自然使用的狀態（不為用而用）。在開車時，如果過分意識到方向盤、油門或煞車怎麼使用，就無法順利開車，使用電腦也是一樣。在進行學習時，電腦必須成為透明的工具，如果無法無意識地自然使用，便無法自由自在地操作電腦。

推動活用電腦為「學習工具」與「思考與表現的工具」的研究者是與皮亞傑進行共同研究的西摩爾．派普特，其後艾倫．凱（個人電腦的開發者）與密契爾．瑞斯尼克（Scratch 開發者）繼承了派普特的理論。他們皆為麻省理工學院的教授，專攻數學、電腦科學與教育學，以皮亞傑與維高斯基的學習科學為基礎，提倡活用電腦為「學習工具」和「思考與表現的工具」。被問到在教育中如何使用電腦時，他們皆回答：「與鉛筆的使用方法相同」。我則告訴教師：「電腦是文具之一」，關鍵在於介面必須透明。

在理解以上兩個前提下，讓我們來看看有效活用ＩＣＴ教育的課例。

在ＩＣＴ教育中，當電腦被當作「學習工具」而非「教學工具」運用時，能夠產生非凡的效果。在此我必須不斷強調，活用電腦的成敗不在於「使用方法」，而是「學習課題的設計」。

在創造探究與協同的學習目標下，電腦是非常有利的工具。以下，列舉我所參觀的幾個課堂實例。

【事例一】活用電腦為資料庫

這是小學五年級自然科「氣候與天氣圖」的課堂。老師設定「颱風」為主題，課堂前半「共有的學習」（課本程度的學習）題目為「為什麼颱風會在秋天的太平洋上產生與發展？」課堂後半的「跳躍的學習」（比課本困難的程度）題目為「為什麼颱風在到達北海道前就消失不見了？」學生在小組中進行協同學習。檢索網站可以查詢太平洋、日本九州、韓國以及日本海的每日天氣圖，學生以這些大量天氣圖的變化為資料，在「共有的學習」與「跳躍的學習」課題中實現探究與協同的學習。在這堂課中，電腦被活用為上網檢索資料數據的工具。

【事例二】活用電腦為資料庫

這是小學六年級的社會課，單元為「歷史：十六世紀日本市場的成立[2]」。課本中展示京都「樂市．樂座」的折疊屏風，從屏風圖可知當時自由市場已經成立，也發展出娛樂業與金融業。這堂課在「共有的學習」中，學生在小組內透過觀察課本的屏風圖，理解市場的產生與商業的生計。在「跳躍的學習」中，學生上網尋找自己住的地區在十六世紀時的寺廟與神社資料[3]，小組透過這樣的解讀，理解該地區市場如何成立，進而協同探究「鹽之道[4]」或「鯖之道[5]」的交通網。東京大學史料編撰所的資料庫集合了日本全國寺廟與神社的文獻史料，每間學校皆可搜尋電子檔案。這些史料為全漢字的漢籍資料，小學生要閱讀相當困難，但只要找出學過的漢字將意思連結起來，就大概讀得懂內容概要。

【事例三】活用電腦為模擬器

這是美國某高中一年級的物理課。在課堂中學生使用電腦軟體設計一座橋，並且模擬進行這座橋的強度實驗。學生在小組中協同設計橋的鋼筋結構，接著操作電腦的模擬器確認這座橋的載重量，反覆進行實驗。透過這個過程，學生探究思考什麼樣的鋼筋構造能承載最大的重量。

【事例四】活用電腦為模擬器

這是中國某小學六年級的數學課「二次函數與圖」。日本的「二次函數與圖」在國中二年級才開始學，但中國在小學六年級就出現。這堂課是在

---

2 當時日本人民居住於各個村落，平常不會聚集。在市場發展後（例如四天一次的四日市集），人們有了聚集的機會，因此商業、金融業甚至娛樂業得以開展。

3 日本的寺廟與神社收藏了許多古代的市集史料紀錄。

4 日本古時將海鹽或海產運送至內陸所使用的道路。

5 日本古時將若狹國（今福井縣地區）的海產物運送至京都的道路。運送的物品中有大多數是當時珍貴的鯖魚，因此稱為鯖之道。

「$y=ax^2+bx+c$」的二次函數算式中，透過繪製圖表探索常數a、b、c的含義。學生使用各自的平板繪製這個二次函數的模擬圖。電腦中有安裝繪製圖表的軟體，透過操作可以分別看出常數a、b、c的數值改變時圖表將如何改變。各小組一邊進行活動，一邊協同探究常數a、b、c的含義。

【事例五】活用電腦為學習的網絡

小學五年級社會科「氣候與農業」的課堂上，愛知縣小牧市小學五年級的學生與沖繩縣沖繩市小學五年級的學生透過網路進行學習交流。愛知縣小牧市是種植菊花（秋菊）興盛的地區，而沖繩縣的菊花的生產量為日本第一。課堂中透過比較兩地菊花栽培的狀況，學習現代農業與自然環境及消費市場的關係，使用網路進行跨校與跨地區的探究。

【事例六】活用電腦為學習的網絡

這是小學六年級的綜合學習「環境保護」的課堂。日本的學生與加拿大的六年級學生調查鄰近地區河川的污染狀況，透過網路進行跨校與跨國的交流學習。

另一為國中二年級的英語「SDGs 教育」（Sustainable Development Goals，永續發展目標）。學生在課堂中上網查詢瑞典的格雷塔・童貝里（Greta Thunberg）在聯合國的演講影片、演講稿和新聞報導後，並於小組製作自己的英文演講稿，與兩個不同國家的八年級學生進行交流。

【事例七】活用電腦為觀察紀錄

在體育課的地墊運動、田徑、球類運動等的小組探究協同學習中，使用平板拍攝影片進行小組活動可以達到很好的效果。地墊運動與田徑等的學習關鍵在於確認「技巧」與「動作型態（個人基本動作、團隊的協調移動）」，因此在小組內用平板相互拍攝運動的影片，仔細觀察進行學習。至於如籃球或足球等球類運動的學習重點在於「奪取陣地（爭奪空位以確保陣營）」與「團隊默契」，使用平板將比賽狀況進行攝影紀錄，其後在小組內經過觀察與反思進行學習。

【事例八】學習的作品化——活用電腦為表現的工具

這是國中三年級的英語課「現在完成式、過去完成式、未來完成式」與「直接敘述語句與間接敘述語句」的單元。學生使用現在完成式、過去完成式、以及未來完成式寫成故事製作影片，並且在小組內比較三個影片內容，協同學習三個語法的意義與表現方式。最後使用電腦整理發表各組的結論，進行探究與表現的學習。

【事例九】學習的作品化——活用電腦為表現的工具

這是小學五年級的音樂課「作曲」。作曲對學生而言是困難的課題，但如果是在小組中使用軟體製作就比較容易。第一步在小組內共同思考曲風，創作兩小節的主題音樂，接著決定歌曲的節奏型態，然後決定和弦，再一邊參考和弦的根音（基本組合音）使用軟體進行作曲。使用作曲軟體也可以設計合奏的音樂。

另外再簡單介紹國中一年級的英語課。學生用日文撰寫自我介紹以及生平故事，接著使用 DeepL 翻譯成英文，以這些英文內容作為課堂教材，讓學生相互用英文自我介紹，進行交流。

【事例十】活用電腦為創造性學習的工具——程式設計

這是小學三年級的美術課「設計幾何圖案」。只要使用 Scratch，就可以輕易製作數十種幾何的圖案。學生在課堂中一邊享受電腦繪圖（computer graphics）的樂趣，一邊設計自己的幾何圖案。圖案製作完成時更可以使用彩虹的上色功能，讓圖案更為鮮明。

以上的十個課例是我實際參觀各個教室所看到的事例，像這樣活用ＩＣＴ教育作為學生進行探究與協同的方式還有非常之多。透過使用ＩＣＴ技術，探究與協同學習的可能性能夠發揮到無限之大。我還是必須再次強調，在此最重要的不是ＩＣＴ的使用方法，而是教師如何設計學生的學習問題，而ＩＣＴ能夠使許多的學習設計達到實現的可能。

創造高品質的學習

工業四．〇需要能夠展望未來社會的革新學習。促使社會、經濟、產業、文化激烈變化的工業四．〇，在教育上需要培育什麼樣的能力？要預測未來社會並非易事，讓我們就現在能夠看到並預料的部分，一起展望未來。

世界經濟論壇對於工業四．〇的調查是世界上最準確的，在二〇二〇年十月所進行關於「未來工作報告」的會議中，世界經濟論壇提出了下列十項為二〇二五年的社會人必須具備的能力：

1. 分析思考與革新（Analytical thinking and innovation）
2. 主動學習與學習策略（Active learning and learning strategies）
3. 複雜問題解決能力（Complex problem-solving）
4. 批判性思考與分析（Critical thinking and analysis）
5. 創造力、原創力、主動性（Creativity, originality and initiative）
6. 領導能力與社會影響力（Leadership and social influence）
7. 科技使用與監控能力（Technology use, monitoring and control）
8. 科技設計與程式能力（Technology design and programming）
9. 彈性、抗壓性、靈活性（Resilience, stress tolerance and flexibility）
10. 推理、問題解決、思維能力（Reasoning, problem-solving and ideation）

在此我們必須注意，這十項的能力當中只有兩項是與ＩＣＴ相關的能力，其他八項都是關於創造性、探究、與思考的能力。在該會議之前的二〇二〇年報告書中，世界經濟論壇也提出了工業四・〇所需要的十項能力（以下列舉），這十項能力中沒有任何一項是關於科技的硬實力，十項皆是軟實力。

1. 複雜問題解決能力（complex problem-solving）
2. 批判性思考（critical thinking）
3. 創造力（creativity）
4. 人事管理（people management）
5. 與他人的協調力（coordinating with others）
6. 情緒智商（emotional intelligence）
7. 判斷力與決策力（judgement and decision-making）
8. 服務導向（service orientation）
9. 協商能力（negotiation）
10. 認知彈性（cognitive flexibility）

此外，世界經濟論壇更在二〇二〇年「未來學校」報告書中提出在工業四・〇的時代中，學校教育需要實行的八大學習領域：

1. 全球公民的能力（Global citizenship skills）
2. 革新能力與創造力（innovation and creativity skills）
3. 科技能力（Technology skills）
4. 人際交往的能力（Interpersonal skills）
5. 個性化學習與自訂進度學習（Personalized and self-paced learning）
6. 無障礙和包容性學習（Accessible and inclusive learning）
7. 以解決問題為中心的協同學習（Problem-based and collaborative learning）
8. 生涯的主體學習（Lifelong and student-driven learning）

綜合上述一連串的報告與會議，可發現「解決複雜問題」與「批判性思考」兩項能力出現在所有報告書內，是生存在未來社會的孩子必須掌握的能力。因此能夠因應未來的學習，我將其整理為以「創造性」、「探究」與「協同」為中心的學習。

目前一人一機的環境已經準備好，ＩＣＴ教育也已成為教育改革的核心議題之一，但可惜的是，現下ＩＣＴ教育的實踐狀況無法對應上述的所有能力。就結論而言，ＩＣＴ教育不能只是用ＩＣＴ教育技術來進行課程，目標應該放在如何讓學生綜合學習上述所有能力，在其中活用ＩＣＴ教育作為達成學生學習的工具。期待教師們能明確的理解上述的航海圖與方針。

教育思索

• 面對新冠疫情大流行所帶來的「學習損失」，該如何修復？

台灣版
特別收錄
〈專文一〉

如何化解線上學習困境？數位工具應該是課堂上透明的存在

對孩子來說，他們並不只是交換情報、交談。
他們需要情感面、情緒上的交流連結，
感受到彼此心靈上的相互牽絆，
這都是需要透過面對面才能擁有的。
情感上的交流在疫情下更形重要，
但在網路上是不可能的，
我想特別指出這一點。
學習共同體很重視彼此能共感他人的「不懂」，
帶領孩子一起探究別人的不明白之處，
這應該是日本教師很特別的能力，
是一個很珍貴的寶物。

東京大學名譽教授、推動學習共同體的佐藤學談論他看到疫情對課堂學習的挑戰，還有日本「一人一機」新政策的影響。佐藤學教授建議，課堂上不用刻意注意數位工具本身，使用它們應該像用一枝鉛筆、原子筆那麼簡單。

日本在二〇一九年十二月提出 GIGA School 構想，期望活用網路資訊技術和數位設備，培養學生因應未來社會的能力。重要指標就是讓全國公私立國中、國小學生「一人一機」，這和台灣目前推動的「生生用平板」政策相當類似。

佐藤學看到疫情的挑戰和對於教育的影響。他寫了一本新書《學習的革命二・〇：AI與疫情如何改變教育的未來》，這本書很薄，看起來是一本小冊子，但是佐藤學就是希望這樣輕薄的內容可以快速傳播，讓大家一起深思，科技將對教育帶來的挑戰。

佐藤學今年七十歲，是日本教育界的大師級人物。他針對日本教育中孩子失去學習動機、不知為何而學、從學習逃走的問題，提出以「學習共同體」為目標的改革做法。

和一般大學教授不同，佐藤學不僅建立理論基礎，更親力親為，每週參訪兩、三所學校，直接和中小學的學生、老師、校長面對面討論、改進，四十二年如一日，累積了超過一萬間教室的現場感。

二〇一二年《親子天下》出版《學習的革命》，也越洋報導日本學習革命的現場，因為日本面臨的教育挑戰以及社會結構和台灣如此相近，於是也在台灣掀起學習共同體的教改風潮。至今包括新北市、台北市、宜蘭縣各地都還有老師實踐以學習共同體的教改。

今年三月東京大學舉辦的學習共同體國際論壇，因為疫情，世界各國的學者專家沒有辦法親臨現場，但是佐藤學仍舊用他的手機當鏡頭，帶著全世界的老師進入日本小學的教室，從老師的視角看見學生的學習。

新冠肺炎疫情長達兩年的侵擾中，全球教育系統曾幾近失能也急速變貌。數位學習潮流下，「學習」與數位工具之間最好的距離是什麼？如何善用數位工具，帶動學生思考、活用知識能力，而非走回「鍛鍊短期記憶」的老路？佐藤學在《親子天下》專訪中，精闢解析。

Q 線上學習、數位產品因疫情加速進入孩子的學習日常，科技對於學生學習的影響是什麼？

A 日本有很多人認為，疫情停課，但上線上課就好了。這是一個很大的誤解。

二〇一五年OECD的調查指出，使用電腦的時間愈長，學力下滑愈多。不論在閱讀、數學、科學測驗都得到了相同的結果。也就是說想用線上課程取代一般實體課，基本上是不可能的。主要的理由是，線上學習讓學習變成了個人化，但是真正的學習，必須是透過協同合作，才能提升學習效果。

檢索資訊、查詢知識時，電腦或網路非常有效。一堂五十分鐘的課程內容，在網路上可能只要花一分鐘就可以查完。但要活用這些知識情報，進一步探究，需要面對面的協同學習，光是用電腦是辦不到的。

Q 老師和學生能不能在線上課程的學習中，進行協同學習和探究呢？

A 我必須要說，有非常大的限制。

雖然許多線上視訊軟體都可進行分組討論，但效果還是有限。例如數位分心的問題，如果是社會經濟背景比較差，或是父母必須外出工作的孩子，沒有父母在旁監督，孩子可能會一邊上課一邊打電動，在日本確實有很多這樣的狀況。

要期待線上授課也能夠有像面對面上課時的對話、溝通，我想這是非常受限。大人要透過線上軟體進行資訊交流和對話並不困難，但對孩子來說，他們並不只是交換情報、交談。他們需要情感面、情緒上的交流連結，感受到彼此心靈上的相互牽絆，這都是需要透過面對面才能擁有的。情感上的交流在疫情下更形重要，但在網路上是不可能的，我想特別指出這一點。

學習共同體很重視彼此能共感他人的「不懂」，帶領孩子一起探究別人的不明白之處，這應該是日本教師很特別的能力，是一個很珍貴的寶物。但這在線上課程來說是非常難進行的。因為所謂的「共有不理解」，重點在於後面大家的共同探究。如果無法面對面進行這樣的探究，就失去了意義。

Q 孩子們會不會在課堂上一直分心，只顧玩這些資訊設備，而忘記去學習呢？

A 這不是數位產品的問題，而是教室裡還沒讓孩子養成學習的方法、習慣。

在日本採行學習共同體的學校中，有一百所已經開始導入數位產品。但沒有任何一間學校的孩子，會在上課的時候一直去玩設備。

但日本政府導入「GIGA School」、「一人一機」一年多來，我很深刻發覺，數位產品用得愈多，孩子們的學習就愈個人化，協同學習會被干擾。有些老師已經體認到，這時，最好盡可能減少孩子使用這些數位工具。而學生交作業時，是紙本比較好，還是用電腦上傳電子檔比較好，老師自己可以判斷取決。

Q 該如何正確的使用數位技術、資訊產品來學習？

A 無論如何，數位技術都是必要的，這是一大前提。

數位技術在未來社會將非常重要，孩子們必須學會如何利用數位技術來繼續學習。但是我們必須很清楚知道，數位技術就是一項工具，它和所有的工具一樣，用得好它就是好的，惡用則為惡。

例如，保守的、強調背誦的教學方式，若採用了數位工具，教學就會更保守、更傳統、更強調背誦。相反的，革新的、探究式的教室裡加入了電腦，孩子的探究、協同學習也會更強。是好是壞，全依其本身的情境走向而決定。

例如，十五年前美國校園導入網路，原本就不太團結的老師、學生，愈發分散，原本就有較強的連結，協同就更強。

數位技術，運用在不好的情境上就會更壞，好的方向就會更好。

去年日本的大學實施一整年的線上課，我在學習院大學授課，一年後調查學生反應時，有一個很有趣的發現。授課老師若愈只以老師講課為主，教學就會愈走向單向。愈強調探究、協同的授課，學生小組就會探究更多。隨便的老師更隨便，備課時間只要原本的三分之一就夠了，以學生為中心的老師，卻得花上三倍的備課時間。

問題不在數位技術是好是壞，更決定性的關鍵是，老師本身的教學模式、教室內的氛圍以及孩子們的學習狀況。工具和學習者之間的介面，必須透明，學生必須不帶有特別意識，很自然地去使用數位設備。

就像開車時，若刻意意識著方向盤在哪？按鍵、油門、剎車在什麼位置，如此緊張地開車，反而容易出事。如果老師們在教室裡一直下指令說，「好！現在全部把電腦拿出來」、「現在要做這個、做那個」，並不是好的方式。

我會建議，就把它當成文具來使用。就像是使用一枝鉛筆、原子筆那麼簡單。

Q 您提到數位工具應該是學習的工具，而非教學的工具，為什麼？

A 電腦和教育之間的關係，五十多年來一直都存在著這樣的對立。

行為主義學派的大師施金納設計的學習機，有操作制約（如教材內容）、即時回饋（即刻得知答案是否正確）、小階段循序漸進（知識內容分解成一小段一小段），讓學生個別學習。但這只能製造短期記憶。很可惜的，ICT教育裡所使用的軟體，大多是依照這種方式，把電腦當成教學工具而設計出的工具。

但LOGO程式語言開發者西摩爾・派普特，個人電腦先驅艾倫・凱等人則對教育界指出，電腦是思考和表現的工具。

事實上，在沒有電腦時，孩子也能夠在內在自行對話。有電腦時，則像是對著電腦對話，做自己內在的對話，這就是思考。將自己的思考表現為圖、表、簡報，對外傳遞，讓思考可視化。

使用電腦最好的的方式，就是把它當成一枝筆。學習共同體的實踐，也和這個觀念一致。像是在社會科時，孩子想多找一點資料，英文課時，想知道同一句話有哪些不同的說法，可以用平板電腦查，和大家一同共有。用法就像用文具一樣。

又例如，五年級的自然課裡出了兩個題目，一個是為什麼颱風總是在太平洋上形成？第二個題目是為什麼颱風從太平洋通過了日本海，到北海道時就會消失了？

孩子們並不是用電腦上網找到解答，就結束了。他們上網是找出了九到十月，包括日本、台灣、韓國等地的天氣圖，從天氣圖裡面去探究，找到答案。這種方式下，數位產品才會是學習的工具，是協同探究的工具。

Q 資本主義和公共教育是否出現了衝突？

A 教育已經成為大生意，ＩＣＴ教育市場，已經成為世界最大的產業市場，這會帶來很多問題。

例如日本過去主管教育的是文部科學省（即台灣的教育部），現在因為要加入ＩＣＴ教育，變成由經濟產業省（即台灣的經濟部）在主導。

在全球化趨勢下，許多國家缺乏國際競爭力，造成國債加重、財政赤字，無力支持公共教育，只好將公共教育外包或委託給民間私人企業。例如印度都會區有五成學校、農村三成的學校由私人企業接手，發展低學費私立學校。

但私人企業一接手，馬上有半數老師被解雇，畢竟學校人事費高達八成，是學校不可能有盈餘的主要原因，私人企業用電腦取代教師，可省下人事費，帶來巨大利益。瑞典有兩成公立學校是委託私人經營，美國也有很多由ＩＴ企業在公立學校背後主導的狀況，東南亞、非洲、拉丁美洲亦是。

日本文部科學省過去非常保護公立學校教育，但現在經濟產業省介入教育，扶植ＩＣＴ企業。二〇二〇年日本政府推動 GIGA School，讓科技公司的營業額翻倍，因為政府在每一所學校投入的數千萬日圓，最後都流入科技公司。而且這不是用一般預算支出，而是以特別預算支應，設備不是出租，是直接買斷，四、五年後不可能再有經費支應，無法延續下去，非常危險。

政府以「個別最適化的學習」為方針，其實有種藉此以資訊設備替換、取代老師的氣氛，威脅已經來到眼前，非常危險。雖然教育界、文部科學省持反對意見，但經濟產業省和業界強行導入。

未來的公共教育，須倚賴教育企業、ＩＣＴ企業結盟才能持續，但結盟的方式非常關鍵，地方政府須保有自主性，在能保護、發展公共性的方針下，來建立協力關係。如果只以經濟產業省、ＩＴ企業主導，公共教育會快速瓦解。

（施逸筠採訪整理）

台灣版
特別收錄
〈專文二〉

創造能安心說出「我不懂」的教室，拯救疫情下的「學習損失」

根據預測，在二〇二五年的勞動市場上，
有五十二%的工作會被AI及機器人取代，
到了二〇三五年，
有六成的工作是目前並不存在，
強調高度知識性的新工作。
疫情下學習損失加劇、工業四·〇加速，
我們必須以學習共同體，
進行更高品質的探究及協同學習。
保障沒有任何一個孩子會落單的學習權利。

今年三月初，東京大學名譽教授佐藤學再度主持開放觀課，讓二十多個國家都能看到「學習共同體」的上課樣貌，還有孩子們如何毫不怯於表達自己的困惑。佐藤學也強調，學習共同體這項改革，最核心的推動者其實是孩子。

「哇，這數字好大，要怎麼分啊！」小學一年級的男生抓抓頭，和教室裡二十多位同學一起兩兩分組，努力想著如何將三二四張色紙，平分給六個人。這群沒學過除法、連十進位概念都還很模糊的小一生，面對「越級打怪」的數學題，雖有不安，卻滿是躍躍欲試的熱情。

這是日本埼玉縣井泉小學，實施「學習共同體」的教學現場。

日本歷經六波新冠肺炎疫情高峰後，三月初「學習共同體」的教室再度開放觀課。在滿場目光包圍中，孩子們毫不怯於說出自己的困惑，積極向同學求助，彼此聆聽、確認腦中的那團迷霧為何。

從教室裡用手機開直播，讓數百位來自台灣、韓國等二十多個國家的線上訪客，終得一探教室實況的，是在日本國內外推動「學習共同體」超過四十年，如今已是七十歲高齡，仍站在教育現場，大力推動改革的東京大學名譽教授佐藤學。疫情停課，曾讓佐藤學擔心，學習共同體的推動恐怕得從頭來過。但令他驚訝的是，全日本三千多所實施學習共同體的學校，竟然沒有任何一個學校喊停。甚至，孩子們回到校園後，積極實踐學習共同體的熱切姿態，反而成為教師們繼續堅持的強心劑，來自日本國內外，希望推動學習共同體的聲音也不減反增。不過，佐藤學仍看見疫情下全球教育環境裡的危機四伏，憂心不已。

「比起眼前染疫的可能，疫情帶來的更大威脅，是因學習損失，而對孩子們的未來生活帶來極大風險。」佐藤學接受《親子天下》越洋專訪時指出。

佐藤學認為，疫情下學習落差加劇，學習損失將為學生未來生涯發展埋下隱憂。加上工業四．〇推波助瀾，資本主義順勢涉入公共教育領域，教育面臨私人化風險。疫情帶動線上授課、數位產品大舉進入學生日常，「一人一機」的政策，也讓學習將走向個人化。「但真正的學習，是必須透過協同合作，才有效果的。」「這不是任何方法、SOP，而是一個以學習者為中心，不讓任何孩子、老師被孤單拋下的願景。」佐藤學認為，學習共同體是一個彼此關照的共同體，相互聆聽，共享彼此的思考和疑惑，而帶動真實的學習。他指出：「教師不再是單向的授課，而應是一個學習的設計者、協調者和反思者。」

以井泉小學一年級的數學課為例，導師工藤直美刻意選了超出範圍的題目，是希望刺激孩子們動手畫圖思考，也培養學生的耐心和願意挑戰的積極態度。「如果給了太簡單的題目，孩子很快就會開始聊天、分心。」佐藤學解釋。

「他覺得好難的地方，你也這麼覺得嗎？」、「他的解釋，有沒有人聽不懂？」比起誰最快答對，工藤老師更重視孩子們是否都是「聆聽達人」，能理解別人的不了解之處，溫柔地對待他人的疑問。

新冠肺炎疫情長達兩年的侵擾中，全球教育系統曾幾近失能也急速變貌。數位學習潮流下，「學習」與數位工具之間最好的距離是什麼？如何善用數位工具，帶動學生思考、活用知識能力，而非走回「鍛鍊短期記憶」的老路？佐藤學在《親子天下》專訪中，精闢解析。

Q 近兩年的新冠肺炎疫情，迫使多數學校停課。學習共同體強調學生互動和學習，長期停課對學習共同體的推動，帶來什麼樣的影響？

A 二〇二〇年一月疫情爆發初期，我即預測這將對世界帶來大混亂。

世界各地有許多學校的學習共同體，才在導入初期，就因疫情被迫停擺，當時我已有覺悟，最壞的狀況就是得重新來過，沒想到事實並非如此。

在日本，包括三百所前導學校，實施學習共同體的學校共有三千多所，沒有任何一所學校喊停，學校數甚至有增加的趨勢，許多海外國家也希望推動學習共同體，讓我非常驚訝。

我們一直大力疾呼，就算學校被迫停課，也不能讓任何一個孩子、老師落單，絕不要走回傳統齊一式授課方式。正因為這樣的非常時期，更要疾呼推動學習的創新，強調以探究和協同合作為中心的學習方式。

這次疫情讓我學到，學習共同體這項改革，最核心的推動者其實是孩子。學校復課、重啟學習共同體時，看到孩子們非常開心。他們非常熱心的投入學習，從小學、中學到高中皆然。這讓老師們也團結起來，堅定於「不能讓任何孩子落單」的目標，努力實踐具有品質的學習。

Q 您認為疫情對全球教育環境帶來什麼影響？

A 新冠肺炎疫情，對教育所造成的傷害，遠比我們想像的還要嚴重。

例如日本，學校停課時間約是三～四個月，低於先進國家平均五個月，且兒童因感染新冠肺炎而死傷、重症的比例非常低。但日本各地方政府仍對學校訂出嚴格的防疫規範，例如孩子們不能做分組討論、協同合作，不能唱歌，桌子要分開。

孩子是被打散的，學習的自由、權利，生活上的自由也都被剝奪。家庭社經背景較弱的孩子，受到的打擊更是一般孩子的五倍，因為他們無法上學、學力低下。

在印尼，停課期間超過二十個月，許多孩子從此失學。尤其高中生，停課期陷入孤獨，結果提早結婚生子，再也無法回到學校。

疫情對整個世界的教育都帶來不小的影響。其中，最重要的課題是「學習損失」。聯合國教科文組織、聯合國兒童基金會和世界銀行於二〇二一年十二月發表調查報告指出，疫情停課，已經造成嚴重的學習損失，學習的品質和量都下滑。原本十五歲青少年應有的學習水準，在疫情下，發展中國家損失超過三十%，已發展國家下滑十七～二十%。而經濟能力處於後半的孩子，每三人就有一人未來可能找不到工作。

報告中也推估，遭遇嚴重學習損失的孩子們，終身收入總額將減少十七兆美元，相當於全球GDP的十四%。對這一代孩子們而言，疫情帶來的最大威脅，並非眼前感染新冠肺炎的可能，而是因學習損失，對他們未來的生活造成的極大風險。另外，工業四．〇在疫情下加速發展，也是很重要的變化。根據預測，在二〇二五年的勞動市場上，有五十二%的工作會被AI及機器人取代，到了二〇三五年，有六成的工作是目前並不存在的強調高度知識性的新工作。疫情下學習損失加劇、工業四．〇加速，我們必須以學習共同體，進行更高品質的探究及協同學習。保障沒有任何一個孩子會落單的學習權利。

Q 您認為疫情對台灣的影響如何？

A 台灣的防疫成效較好，停課的時間較短，在學習上所受到的限制也相對較少。

但台灣的授課方式或學習改革，相較其他國家，可能落後了二、三十年之久。一直到《學習的革命》這本書問世之前，台灣的教學可能都還維持著一百四十年之前的模式。雖然這十年來台灣的教育出現了很大的轉變，但面對後疫情時代及工業四．〇加速前進，台灣這樣的教育能否因應接下來的社會？我個人是抱持否定的。

尤其在現今國際趨勢瞬息萬變的波動之下，台灣處在一個非常微妙的地位。能否以全球公民，也就是具有全球性的視野，進行新的教育方式，這是非常重要的關鍵。

所謂世界公民，例如台灣的公民，他同時也是亞洲的公民，是世界的公民。以前我們講民族國家的時代，是國民；但現在是以公民的觀點，是該區域的公民、國家的公民、亞洲的公民，也是世界的公民，具備多重公民身分的視野。

同時有一個想法及觀念是，台灣本身的問題，要當成是世界、全球的課題，來找到解決對策。日本也是一樣。改以世界的視角來思考。

Q 少子化對教育帶來什麼影響呢？

A 少子化造成日本人口變少、市場變小，但這並不是成長趨緩的唯一原因，日本政府的這種論調是錯的。

根本原因在於三十年來，日本的教育、產業、政治、經濟都沒有創新，但日本政府並不承認，所以一直推給少子化。孩子和老師的聲音，不太被政府聽到，無法反映在政治上。有就學人口的家庭（家庭內有正就讀幼稚園到大學的學生），不到十二％，在我小時候是八十％，因此現在的教育完全被政治忽視。

日本在一九七〇到八〇年間，教育支出不論GDP占比或政府支出占比都是世界首位，現在卻是OECD成員國裡最低，在東亞、東南亞也是最低。教師薪水也最低，這的確是少子化造成的結果。因為政治無視教育，選舉還是可以贏。

這問題其實很嚴重。如何把兒童問題、教育問題變成所有國民所關心的課題，是很困難的。這可能是少子化對教育帶來的最大影響了。

Q 您曾提到，希望自己的女兒有追求幸福的能力，為什麼？

A 我認為能夠靠自己讓自己過得幸福，是一項最重要的能力。

有兩個原因，第一，一個真正成熟的人，必須是能夠對自己的人生負起責任，也就是能夠讓自己的人生幸福。

第二個原因是，一個沒有辦法讓自己過得幸福的人，一定也只會為周遭的人帶來不幸。大家周遭應該都有遇過不少這樣的人吧。只有能讓自己幸福的人，也能夠與他人一起擁有幸福。

像我現在，過得很幸福喔！（施逸筠採訪整理）

後記

開始構思這本小書是在二〇一六年，當時世界經濟論壇的達沃斯會議中提出「工業四．〇」的概念，人們也開始關注。那時的想法是出版一本一般人容易讀的小書，以淺顯易懂的內容說明工業四．〇即將如何重新編織ＩＴ企業及教育企業和公共教育之間的關係。在二〇一七年我訪問紐約，隔年訪問墨西哥市時，更堅固了我執筆出版的決心。

紐約市的學校一年進行多達十三次的學力測驗，包括州級、市級、教育企業、ＩＴ企業的各式測驗。貧窮地區低學力成績的學校被委託給教育企業經營，成為公費營運的私立學校（特許學校），而當時這些學校正面臨以導入

ＩＣＴ取代教師，進行人幅度解雇的改革。每週六、日，在公園中都可見到教師的集會遊行，大聲控訴公立學校所面臨的危機，參與的小學生拿著「I am not a test score. I am Catherine (Robert, etc.)」的告示牌遊行。這個告示牌的內容讓我直接看到了現代教育本質上的危機：資本與科技的瘋狂暴走已經破壞了孩子們作為人類的尊嚴。隔年訪問墨西哥市時，我看到數千名因為ＩＣＴ技術而面臨解雇危機的教師，在中央廣場（Zocalo）搭起帳篷，展開為期數個月的靜坐抗議。因為工業四・〇，公共教育正面臨瓦解的危機。

日本也於二〇一八年以後在經濟產業省的主導之下，將工業四・〇稱為「社會五・〇」，企圖將ＩＴ企業與教育企業網羅至包含公共教育的教育市場裡。以「『未來教室』與 EdTech 研究會」為核心推動ＩＣＴ教育，文部科學省也參與計畫「GIGA School 構想」。這些動作都讓我再次認定執筆本書的急迫性。

然而，寫書的進度卻面臨好幾次的延遲。理由之一，在於要調查工業四・〇中ＩＣＴ教育「大生意」的全球實際狀態需要極大的心力。關於這個主題的調查研究意外的相當稀少，所幸吾友倫敦大學鮑爾教授的研究給予非常明確的指針。其次的難關是比較根本性的問題：如何看透工業四．〇所引發的資本主義變形對於教育的影響？這其實是一本小書無法仔細說明的大主題，如果我沒有透澈地理解，則沒辦法論述這本小書的主題。

在執筆開始後好不容易寫了三分之一的內容時，新冠肺炎的大流行開始。ＩＣＴ教育開始一舉入侵各級學校，「GIGA School 構想」也因此提前至二〇二〇年達成。疫情加速了工業四．〇的油門，各國的產業、經濟、社會、文化與教育皆產生極大的變化。新冠肺炎的擴大感染使得我必須捨棄原稿重新撰寫，但同時也更加確認了「工業四．〇與教育的未來」這個主題的重要性。

本書留有幾個論點尚未討論。一個是工業四．〇與ＩＣＴ教育滲透得最徹底的大學教育。因為探討大學教育需要一整本書的篇幅，在本書中只能先割愛。然而，現在的大學在激烈變動的社會中已經轉變成為企業體，世界各國的大學不再是「學府」，而是「知識資本主義的企業體」。要對抗這樣的轉變，如何恢復大學使之成為符合大學樣貌的「學問共同體」，是緊要的課題。另一個論點是介紹ＩＣＴ教育的優良實踐。我認為教育中電腦的最佳使用方式，是將其看成如同鉛筆或橡皮擦一樣的文具用品。就像新冠肺炎最終會成為一種感冒一樣，ＩＣＴ教育中電腦的最佳轉型方式，就是成為文具的一員。在本書中很可惜無法充分介紹具體的實踐事例，我希望能在其他機會挑戰這個主題。

本書雖然是篇幅不大的小冊子，但書中所論及的主題其極巨大，在在皆是從根本上決定今後社會與教育的重要議題。我期待透過本書能聚集更多的關注，讓更多的人士共同討論在全球工業四．〇下持續進展的新冠疫情．後疫情時代的ＩＣＴ教育與學校的未來。

二〇二一年一月十五日

佐藤學

參考文獻

Ball Stephen, *Education plc.* Routledge, 2007.

Ball, Stephen, *Global Education Inc.* Routledge, 2012.

Ball, Stephen, Junemann, Carolina and Others, *Edu.net*, Routledge, 2017.

Ball, Stephen, Global Education and Neo-liberalism, or what makes Sarah happy, 2019.

Becker, Gary S.『人力資本』佐野陽子譯　東洋經濟新報社　一九七六年

Becker, Gary S., Becker, Guity Nashat『貝克教授的經濟學思維』鞍谷雅敏、岡田滋行譯　東洋經濟新報社　一九九八年

Bill & Melinda Gates Foundation, All Lives Have Equal Value, https://www.gatesfoundation.org.

Darling-Hamond, Linda, Schachner, Abby, and Edgerton, Adam eds. *Restarting and Reinventing School: Learning in the Time of COVID and Beyond.* Policy Institute, (forthcoming).

Docebo, Global E-Learning Market infographic. https://www.docebo.com.

Galloway, Scott, *The Four: The Hidden DNA of Amazon, Apple, Facebook and Google*, Portfolio, 2017.

Yuval Noah Harari《Homo Deus—科技與現代人的未來》（上・下）　柴田裕之譯　河出書房新社　二〇一八年

Heckman, James《幼兒教育經濟學》大竹文雄、古草秀子譯　東洋經濟新報社　二〇一五年
Holon IQ, Global Education in 10 Charts, 2019, https://holoniq.com.
經濟產業省「『未來教室』與EdTech研究會　第一次建言」二〇一八年六月
經濟產業省「經濟產業省實現社會五・〇的計畫方案」二〇一八年九月
經濟產業省「未來教室」與EdTech研究會 第二次建言「『未來教室』的願景」二〇一九年六月
經濟產業省「新冠肺炎下學校的停課對策：不停止學習的未來教室」二〇二〇年三月
經濟產業省「經濟產業省『未來教室』計畫——教育革新政策的現在」二〇二〇年九月
Markets and Markets, IoT in Education Market by Component (Hardware, Solutions & Services), End User (Academic Institutions & Corporates), Application (Learning Management, Classroom Management, Administration Management & Surveillance, and Region-Global Forecast to 2023), https://www.marketsandmarkets.com.
Markets and Markets, MOOC Market by Component.
三井物產戰略研究所「世界教育企業的整體圖像」二〇一三年十一月
文部科學省「邁向社會五・〇的人才培育推動——改變社會、改變學習」二〇一七年六月
文部科學省「GIGA School 構想」二〇一八年七月
內閣府 人生一〇〇年時代構想會議「育人革命基本構想」二〇一八年六月
National Academy of Education, *Big Data in Education*. 2017.

OECD. PISA, *Students, Computers and Learning: Making the Connection,* 2015.

OECD, *Skills Matter: Additional Results from the Survey of Adult Skills,* 2020.

Pearson: The World's Learning Company. https://www.pearson.com

Prescient & Strategic Intelligence, Global Smart Teaching and Learning Market Size, Share, Development, Growth and Demand Forecast to 2022- Industry Insights by Product, https://www.psmarketresearch.com/market-analysis/smart-teaching-and-learning-market.

佐藤學「電腦與教育」 佐藤學《教育方法學》岩波書店　一九九五年

Schwab, Klaus《第四次工業革命—達沃斯會議所預測的未來》世界經濟論壇譯　日本經濟新聞出版　二〇一六年

Schwab, Klaus《如何存活於第四次工業革命》小川敏子譯　日本經濟新聞社　二〇一九年

世界的教育市場報告「預測線上教育的世界市場」二〇一九年十二月

Statista, Who spends the most on their child's education? https://www.Statista.com.

UNESCO, COVID-19, Response, 2020.

UNESCO, *COVID-19 and Higher Education: Today and Tomorrow*. October 2020.

United Nations, *Policy Brief: Education during COVID-19 and beyond*. August 2020.

World Economic Forum, *Schools of the Future: Defining New Models of Education for the Fourth Industrial Revolution*. 2020.

World Economic Forum, *The Future of Jobs Report 2020,* 2020

學習與教育 235

學習的革命 2.0

AI與疫情如何改變教育的未來

第四次産業革命と教育の未来: ポストコロナ時代のICT教育

作者／佐藤學
譯者／黃郁倫
責任編輯／陳珮雯・鄭智妮
內文編輯／陳以音
編輯協力／陳瑩慈
校對／魏秋綢
封面設計／兒日設計
內頁設計排版／連紫吟・曹任華
行銷企劃／石筱珮

學習的革命2.0：AI與疫情如何改變教育的未來 / 佐藤學作 ; 黃郁倫譯. -- 第一版. -- 臺北市 : 親子天下股份有限公司, 2022.08
面 ; 14.8*21公分. --（學習與教育 ; 235）
譯自 : 第四次産業革命と教育の未来 : ポストコロナ時代のICT教育
ISBN 978-626-305-281-9（平裝）

1.CST: 資訊教育 2.CST: 數位學習

521.539 111010985

天下雜誌群創辦人／殷允芃
董事長兼執行長／何琦瑜
媒體產品事業群
總經理／游玉雪
總監／李佩芬
版權專員／何晨瑋、黃微真

出版者／親子天下股份有限公司
地址／台北市104建國北路一段96號4樓
電話／（02）2509-2800 傳真／（02）2509-2462
網址／ www.parenting.com.tw
讀者服務專線／（02）2662-0332 週一～週五：09:00~17:30
讀者服務傳真／（02）2662-6048
客服信箱／ parenting@cw.com.tw
法律顧問／台英國際商務法律事務所・羅明通律師
製版印刷／中原造像股份有限公司
總經銷／大和圖書有限公司 電話：（02）8990-2588

出版日期／ 2022年8月第一版第一次印行
定　價／ 400元
書　號／ BKEE0235P
ISBN ／ 978-626-305-281-9（平裝）

訂購服務：
親子天下Shopping / shopping.parenting.com.tw
海外・大量訂購 / parenting@service.cw.com.tw
書香花園 / 台北市建國北路二段6巷11號 電話（02）2506-1635
劃撥帳號 / 50331356 親子天下股份有限公司